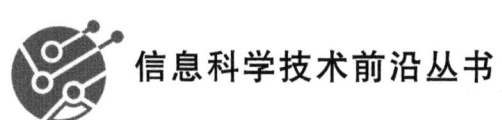

信息科学技术前沿丛书

纳米光学基础：表面等离激元透射增强与光学双稳态效应研究

宋钢　徐旸　孙沐毅　王松　著

北京邮电大学出版社
www.buptpress.com

内 容 简 介

本书主要介绍了纳米光学研究内容的一个重要分支表面等离激元的一些特征与应用,特别地介绍了含有三阶非线性介质的金属微纳结构的模型分析与应用场景。本书中所涉及的器件均以仿真为主,系统地阐述了表面等离激元中的集体效应,以及与非线性材料结合后的主要原理与应用。

本书适合从事纳米光学研究的科研工作者。本书亦适合作为该领域刚起步的学生或者爱好者参考与借鉴的读物。

图书在版编目（CIP）数据

纳米光学基础：表面等离激元透射增强与光学双稳态效应研究 / 宋钢等著. -- 北京：北京邮电大学出版社, 2025. -- ISBN 978-7-5635-7583-1

Ⅰ. O463；TB383

中国国家版本馆 CIP 数据核字第 2025FT6718 号

策划编辑：陶　恒　　责任编辑：满志文　　责任校对：张会良　　封面设计：七星博纳

出版发行：北京邮电大学出版社
社　　址：北京市海淀区西土城路 10 号
邮政编码：100876
发 行 部：电话：010-62282185　传真：010-62283578
E-mail：publish@bupt.edu.cn
经　　销：各地新华书店
印　　刷：保定市中画美凯印刷有限公司
开　　本：720 mm×1 000 mm　1/16
印　　张：8.25
字　　数：153 千字
版　　次：2025 年 8 月第 1 版
印　　次：2025 年 8 月第 1 次印刷

ISBN 978-7-5635-7583-1　　　　　　　　　　　　　　定　价：58.00 元

· 如有印装质量问题,请与北京邮电大学出版社发行部联系 ·

前　　言

在当今的社会中,随着人们对通信速度与通信质量要求的日益提高,全光网络技术不断地发展,器件的集成度越来越高。因此,纳米尺度上的光学技术也因此不断地向前推进。基于表面等离激元(Surface Plasmon Polaritons,SPPs)的全光器件正是迎合了这一发展需要。本书也致力于此目标来设计金属结构,并使其能够在全光网络中有所应用。SPPs具有局域场增强、亚波长尺度和异常色散等许多显著的特性,在材料、能源、生物和信息等领域具有许多重要的应用前景。特别是表面等离激元突破衍射极限,使纳米尺度的光电集成和全光集成成为可能。对研究微纳米尺度光学器件如光学滤波器、光学分束器与光开关具有重要意义。

本书从理论上研究了基于SPPs的透射增强及其光学双稳态效应,重点讨论了透射谱和反射谱的物理特性以及场分布的特点,分析了模型结构在光学滤波器、光学分束器与光开关以及其他方面的潜在应用。本书的主要内容如下:

第1章为绪论,对SPPs的研究现状进行了介绍,并对透射增强现象、纳米颗粒的局域SPPs特性以及全光开关等方向进行了详细的介绍。

第2章主要介绍了金属纳米颗粒排列方式和光的偏振态对透射光的影响。单一的金纳米颗粒层具有超强透射的特性。改变相邻两条纳米颗粒链的间距、排列方式以及入射光的偏振角度时,透射谱有极大的改变。由于金纳米颗粒的局域SPPs作用,金纳米颗粒紧密排列时仍存在透射增强效果;在金纳米颗粒的局域SPPs共振最大的波长区域内,透射率达到最小;在波长一定的情况下,透射率随相邻两条纳米颗粒链的间距增长呈现周期性变化趋势,这种情况在入射光的偏振态与 x 轴成45°夹角照射时,以三角形晶格方式排列的样品尤为明显。对于多层金纳米颗粒情况,层数的改变引起透射峰发生分裂。同时对比多银纳米颗粒情况,也有此效应的产生。

第3章主要介绍基于Kretschmann结构的光学双稳态研究及应用。首先,从Kretschmann结构出发,经过上述的理论计算,讨论形成基于SPPs光学双稳态的条件。光学双稳态的形成主要依赖于棱镜、银与Kerr介质的介电常数。当入射光的波长固定时,当银薄膜厚度接近当前入射光波长的最佳厚度时,双稳态形成效果最好且需要的输入光强度最小。由于 Kerr 介质的作用,SPPs 共振角随入射光强的变化关系曲线也显现了双稳态现象。这解释了基于 SPPs 光学双稳态形成的真正原因。不同光波长形成双稳态的能力不同,入射光的波长接近金属吸收最弱的波长时,形成的双稳态效果最好,且需要的输入光强度最小。其次,讨论了发展的 Kretschmann 结构 I 的输出特点。发展的 Kretschmann 结构 I 能够在反射与透射输出中均产生光学双稳态现象。同时,对所设计的结构进行仿真验证。通过对出射角度与透射率随入射曲线的仿真,仿真结果与理论结果符合较好。同样对结构的一些参数,如入射角、Kerr 介质的厚度以及银薄膜 II 的厚度进行了调整,发现此类参数对改变光学双稳态的转换强度和透射率都有较大的影响。最后,改进了发展的 Kretschmann 结构 I,使得银薄膜 II 变成了银光栅。这个改进的结构同样能够在反射与透射输出中均产生光学双稳态现象。讨论了发展的 Kretschmann 结构 II 特征参数,如光栅高度与占空比对透射光学双稳态的影响。这两部分可以使得 SPPs 在横纵两个方向产生干涉效应。根据设计结构的输出特点,开发出来了新的基于 SPPs 光学双稳态器件应用。所设计的结构可以用在强度与偏振分束器中。发展的 Kretschmann 结构 II 的应用与发展的 Kretschmann 结构 I 类似。由于银光栅的作用,发展的 Kretschmann 结构 II 在分束器方面应用的波长范围变宽。

第 4 章主要介绍了亚波长金属周期性孔阵列结构或单个亚波长金属孔结构的光学双稳态。对于孔过大的结构,主要以描点法来获得光学双稳态曲线。SPPs 在介质中的趋肤深度为 200～300 nm 之间,大多数能量集中在金属与介质交界面附近。在金属-介质-金属结构中,介质的厚度大于 100 nm 时,介质中的电磁场可以认为是均匀场。此时,对于 Kerr 介质的改变,只能依靠长时间的光强作用来改变。这个时间至少要大于 Kerr 介质的响应时间。在这个方法中存在着不足:不能够完全确定输出光学双稳态的形状。对于整体尺寸在 200～500 nm 之间且孔的尺度小于 50 nm 的结构整体输出的图形进行解释式的描述。通过对结构的光学特性进行曲线拟合来解释描述,以得到输出随输入变化的曲线。在传输方向上,如果能够形成 F-P 腔的结构,可利用经典的光学双稳态的描述方法来对所设计的结构进行描述。在计算过程中,利用线性介质来代替非线性介质,在空间处理中将介质认为是均匀的,不受阈值功率或阈值光强的限制,准确地运用掌握光强变化的规律,忽略响应时间的影响。

第 5 章主要介绍了一维基于金属纳米颗粒二聚体阵列中的非寻常吸收效应与热点效应研究,仔细讨论了各个部分对链的吸收影响。在此部分研究中,本书首先提出了新的近似理论,以突破以往偶极近似理论中存在的限制,即两个颗粒之间的心心距离应大于或等于3倍半径的理论,使得偶极近似理论能够在心心距离为2.2倍半径时仍然成立。其次,作者澄清了在异常吸收效应时,吸收谱不对称现象的来源。一般地认为,此现象来源于Fano效应。通过分析,此效应来源于晶格的长程相互作用,属于类Fano效应,而非真正的Fano效应。最后,指出吸收谱与电场增强的不对称性。

在整本专著写作期间,作者不仅对书中讲述的结构进行了仿真,同时也对其他结构进行了研究。由于研究的其他结构均与本书内容相关性较小,在此就不一一列举了。本书部分图片配有二维码,读者可扫码观看对应图片的彩图。

作　者

目　　录

第1章　绪论 ··· 1

  1.1　引言 ·· 1

  1.2　表面等离激元发展历程 ·· 2

  1.3　局域表面等离激元介绍 ·· 4

    1.3.1　单个金属纳米颗粒的局域表面等离激元 ································ 5

    1.3.2　纳米颗粒阵列的消光谱 ·· 7

  1.4　表面等离激元的透射增强效应 ·· 8

    1.4.1　周期性纳米孔阵列的透射增强 ·· 8

    1.4.2　二维亚波长孔阵列的透射增强 ·· 9

    1.4.3　单孔的透射增强 ··· 13

  1.5　光学双稳态发展 ··· 14

    1.5.1　传统光学双稳态器件的发展历程 ····································· 14

    1.5.2　基于表面等离激元效应的光学双稳态 ································· 16

  1.6　本书的主要内容 ··· 18

  本章参考文献 ··· 19

第2章　金属纳米颗粒排列方式和光的偏振态对透射光的影响 ················· 27

  2.1　引言 ··· 27

  2.2　计算模型与仿真 ··· 28

  2.3　计算结果与讨论 ··· 30

  本章小结 ··· 37

  本章参考文献 ··· 38

第3章 基于Kretschmann结构的光学双稳态研究及应用 ······ 41

- 3.1 引言 ······ 41
- 3.2 基于Kretschmann结构的光学双稳态 ······ 42
  - 3.2.1 基本模型 ······ 42
  - 3.2.2 薄膜厚度对反射光的光学双稳态影响 ······ 49
  - 3.2.3 入射光波长对反射光的光学双稳态影响 ······ 52
- 3.3 发展的Kretschmann结构Ⅰ的光学双稳态 ······ 56
  - 3.3.1 发展的Kretschmann结构Ⅰ介绍 ······ 56
  - 3.3.2 仿真研究 ······ 59
  - 3.3.3 结构参数对输出光学双稳态的影响 ······ 62
  - 3.3.4 发展的Kretschmann结构Ⅰ在光信息领域的应用 ······ 65
- 3.4 发展的Kretschmann结构Ⅱ的光学双稳态 ······ 66
  - 3.4.1 发展的Kretschmann结构Ⅱ介绍 ······ 66
  - 3.4.2 仿真研究 ······ 68
  - 3.4.3 结构参数对输出光学双稳态的影响 ······ 69
  - 3.4.4 Krestchmann结构Ⅰ与Ⅱ的光学双稳态对比 ······ 72
  - 3.4.5 发展的Kretschmann结构Ⅱ在光信息领域的应用 ······ 72
- 本章小结 ······ 72
- 本章参考文献 ······ 73

第4章 亚波长金属周期性孔阵列结构或单个亚波长金属孔结构的光学双稳态 ······ 76

- 4.1 引言 ······ 76
- 4.2 亚波长周期性孔阵列的光学双稳态 ······ 77
  - 4.2.1 计算模型与仿真 ······ 77
  - 4.2.2 计算结果与讨论 ······ 78
- 4.3 "十"字形金属纳米结构的光学双稳态 ······ 81
  - 4.3.1 计算模型 ······ 81
  - 4.3.2 计算结果 ······ 82
  - 4.3.3 潜在应用 ······ 88
- 4.4 单个纳米孔结构的光学双稳态 ······ 89

4.4.1　计算模型 ··· 89
　　4.4.2　计算过程与结果 ·· 90
　　4.4.3　潜在应用 ··· 93
　　4.4.4　单个复合纳米共振腔的光学双稳态 ························· 94
　本章小结 ·· 96
　本章参考文献 ·· 97

第5章　一维基于金属纳米颗粒二聚体阵列中的非寻常吸收效应与热点效应研究 ·· 100

　5.1　研究背景 ·· 100
　5.2　计算模型 ·· 102
　5.3　结构的实际应用 ·· 113
　　5.3.1　应用背景 ··· 113
　　5.3.2　器件结构及工作原理 ·· 113
　本章小结 ·· 116
　本章参考文献 ·· 116

第 1 章
绪 论

1.1 引 言

表面等离激元(Surface Plasmon Polaritons,SPPs)是一种电磁波与自由电子在金属表面上的耦合模式。它具有局域场增强、亚波长尺度和异常色散等许多显著的特性,在材料、能源、生物和信息等领域具有许多重要的应用前景。特别是利用SPPs突破衍射极限的特性,使纳米尺度的光电集成和全光集成成为可能。研究基于SPPs微纳米尺度的光学器件如光学滤波器、光学分束器与光开关具有重要意义。

SPPs的低维特性给出了小尺度光子集成光路与提高光学系统分辨率应用(包括:光刻蚀技术、超透镜和光存储等)的解决方案。特别是,从SPPs唯一的能够突破衍射极限的特性被发现后,SPPs变成了研究焦点之一。此后,许多研究紧紧围绕着SPPs展开了,如光束的传播和单个亚波长金属孔的超强透射或透射增强现象。

基于SPPs透射增强与光学双稳态效应在微纳尺度的光学器件中有着重要的应用。1998年Ebbesen等报道了当光通过金属膜周期孔列阵[1],即使是周期孔的直径为入射光波长的十分之一时在某些波段出现了很强的透射光强,并且透过率大于孔与样品面积的百分比,这说明部分入射到小孔外的光也对透射有贡献,这种现象被称为异常透射现象或者是透射增强效应。此后这个现象引起了研究人员的广泛关注,包括Ebbesen本人在内的许多研究人员投入这方面的探讨中。Ebbesen

等认为当光入射到金属结构的表面时,由于周期结构的倒格矢使得光与 SPPs 的波矢相匹配,由此激发了 SPPs,并通过小孔耦合到另一侧的表面辐射出去,这就产生了透射增强效应。

基于光学双稳态的全光开关是非线性光学研究的重要课题之一。在光存储、光晶体管和全光开关中,光学双稳态有着极为广泛的潜在应用。一系列实现光学双稳态器件的研究逐步展开了,并逐渐缩小器件到纳米尺度。基于 SPPs 光学双稳态在理论与实验中均给出了证实,其结构也多种多样,如:Kretschmann 结构[2]、波导环形共振腔[3]、光子晶体槽结构[4]、等离子晶体[5]、亚波长金属光栅结构[6]、金属带状波导型纳米槽结构[7]和非晶硅填充槽纳米天线[8]等。这些结构中产生 SPPs 光学双稳态的原理有所不同。有的结构以外加泵浦光改变 Kerr 介质的折射率,从而改变 SPPs 激发环境,进而实现光学双稳现象;有的结构则以器件本身能够形成较好的共振腔代替泵浦光从而改变 Kerr 介质的折射率以达到形成光学双稳态的条件。

1.2 表面等离激元发展历程

早在科学家们开始研究金属纳米结构的特殊光学性质之前,艺术家们已经利用它们制造出彩色的玻璃制品,最有名的一个例子就是古罗马时期(公元 4 世纪)的莱克格斯杯。关于 SPPs 的系统研究可以追溯到 20 世纪初。1902 年,Robert W. Wood 在金属光栅的光学反射实验中发现了未知原因的现象[9]。1904 年,Maxwell Garnett 用那时新发展的金属 Drude 理论解释了金属掺杂玻璃中的明亮色彩,并介绍了由 Lord Rayleigh 衍生的小球的电磁特性[10]。在随后的进一步研究中,1908 年 Gustav Mie 发展了至今仍被广泛使用的球形粒子的光学散射理论——Mie 理论[11]。

约 50 年以后的 1956 年,David Pines 从理论上阐述了电子穿越金属时能量损耗特性,并把这些损耗归因于金属中自由电子的集体振荡[12]。类比于气体放电中的等离子体振荡,他将金属中自由电子的集体振荡称为"等离子体"(plasmons)。巧合的是,在同一年,Robert Fano 为透明介质中光和束缚电子的振荡引入"极化"(polariton)这一术语[13]。1957 年,Rufus Ritchie 发表了关于金属薄膜中电子能量损耗的研究,其研究表明 SPPs 存在于金属表面[14]。这一研究也被认为是 SPPs 的第一个理论描述。1968 年,也就是 Robert W. Wood 第一次观察到 SPPs 之后的近

70年,Ritchie和他的同事们根据金属光栅激发的SPPs共振解释了金属光栅的反常现象[15]。1968年,SPPs研究取得重大进展。Andreas Otto,Erich Kretschmann和Heinz Raether为SPPs在金属薄膜的光学激发提出了方法[16],使有关SPPs实验成为可能。

此时有关SPPs的性质已被人们所熟知,但其与金属颗粒的光学性质之间的联系并没有建立。1970年,Maxwell Garnett研究有关金属参杂玻璃中的明亮色彩60多年之后,Uwe Kreibig和Peter Zacharias比较了金和银的纳米颗粒的电子与光学响应特点[17]。在他们的工作中,他们第一次依据SPPs来表述了金属颗粒的光学性质。随着这一领域的发展,集体振荡的电子和外加电磁场之间的联系更加明确。1974年,Stephen Cunningham和他的同事引入"表面等离激元"[18]。

同年,Martin Fleischmann和他的同事在粗糙的银表面上从吡啶分子中观察到了强拉曼散射,这是金属光学中的又一重大发现。虽然那时并没有意识到,拉曼散射——电子和分子振动之间的能量交换——是由于粗糙银表面引起的SPPs使入射场增强[19]。这一发现使得表面拉曼散射增强(Surface Enhanced Raman Scattering,SERS)领域得以建立。所有的这些发现都为SPPs纳米光学的研究奠定了基础。

在SPPs光学发展的早期,人们实现了从基础研究向实际应用逐步的过渡。当光刻、光学数据存储、高密度电子设备集成等一些重要的科技领域受限于衍射极限时,科学界掀起了以SPPs为基础的研究热浪。现在一些在工艺实现上存在的困难可以利用SPPs的特殊性质来克服。基于近代光学的研究,一系列以等离子体为基础的元件和技术迅速发展,例如无源波导、光开关、生物传感、光刻等。这些发展促进了SPPs光学的诞生——关于金属光学和纳米光子学科学和技术。

SPPs的发展清楚地反映在科学文献的增长中。图1-1所示为每年发表标题或摘要含"表面等离子体"文章的数量。自从1990年,有关"表面等离子体"的文章数量每5年翻一番。2005年以后,有关表面等离子的文献数量呈指数增长。电磁场仿真方法、纳米制造技术和物理解析技术的发展及商业化为研究者和工程师提供了设计、制造、解析金属纳米材料光学性质的必要工具,也刺激了SPPs的迅猛发展。这一领域另一重大突破是1991年以SPPs共振(Surface Plasmon Resonance,SPR)为基础的传感器的商业化。现在,有关SPPs的文章有一大部分是生物探测方面的[20]。

近年来,金属纳米结构由于在纳米尺寸上具有引导和操作光的能力,而受到极大的关注。1997年,在Junichi Takahara和他的同事的工作中指出直径在纳米量

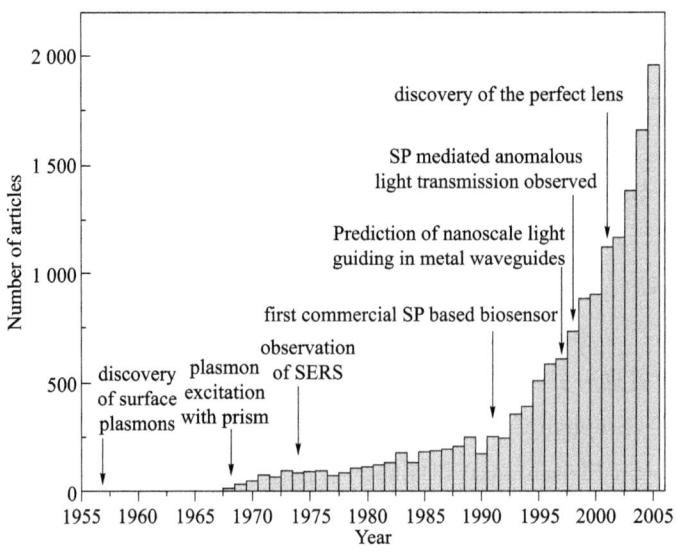

图 1-1　每年发表标题或摘要含"表面等离子体"文章的数量

级的金属线可以传输光[21],1998年,Thomas Ebbesen 和他的同事发现了光透过亚波长孔时的透射增强现象[1],2001年,John Pendry 给出金属薄膜可以作为"完美棱镜"的理论依据[1,22],这些发现促使了大量新的研究方向产生,在以下小节中将突出介绍 SPPs 与本书中有关的内容。

1.3　局域表面等离激元介绍

人们之所以对金属粒子的电学特性感兴趣主要是缘于粒子的 SPPs 模式。金属颗粒在某种情况下可以看成是 SPPs 共振器,正如其他的共振器,如果发生共振,振荡振幅将远远大于激发振幅。对于金属粒子的 SPPs,局域电磁场要远远大于激发电磁场[23-26]。

对于金属粒子来说,其应用一般是基于它的共振效应。生物标记[27,28]、光学滤波器[29]一般基于金属颗粒的消光和吸收特性,而波导器件是基于共振频率附近的场增强效应[30-32]。表面增强效应,比如表面增强拉曼散射,表面增强荧光效应等[26,33-34]是由金属纳米颗粒的近场共振引起的。一方面,近场增强效应导致了更高的局域表面等离激元(Localized Surface Plasmon,LSP)激发效率;另一方面,贵金属纳米颗粒充当了传输天线,增强其周围介质的共振与远场的耦合。

第 1 章 绪 论

对于规则排列的金属颗粒阵列,由于制作这种阵列结构所使用的电子束方法比较复杂也比较昂贵,本章主要进行理论方面的研究。然而,使用其他方法来制备金属颗粒,比如化学方法,就具有操作灵活,制备的颗粒分散、均匀等优点。

1.3.1 单个金属纳米颗粒的局域表面等离激元

1. 金属的光学特性

金属是由基态的准自由电子气定义的,它并不束缚于单个原子。金属的某些特性,比如高电导率,高反射率都与自由电子气有关。

定性地来讲,金属自由电子就类似于运载着等离子体的自由电荷,同时可以被激发来维持等离子波的传输[35]。等离子波是纵向的电磁波。等离子波有两种形式,一种是体等离子体,另一种是表面等离子体。这两种模式都不能耦合成可以直接传播的电磁模式。SPPs 存在于金、银、铝、铜等金属中,并与金属及介质的介电函数有关。

2. 对金属纳米颗粒表面等离激元的定性描述

对于单个尺寸较小的金属颗粒(大小在趋肤深度的范围之内),SPPs 和体等离子体的区别就不是很明显了。相较于大块的金属,外部的电磁场可以渗入金属纳米颗粒并使自由电子发生移动,粒子表面的表面电荷在交界面上形成一个局域场,如图 1-2 所示。金属表面不断移动的电子以及局域场可以看作是一种振动,这种振动是由电子有效质量、电荷、电子密度以及颗粒的几何形状决定的。在此,把这种振动称为金属离子表面的等离子体振动。

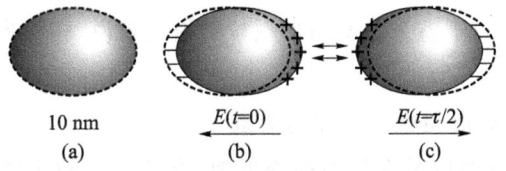

图 1-2 金属纳米颗粒电场作用下的电荷分布图

纳米颗粒的近场及远场效应:大多数与金属纳米颗粒的表面等离激元(Surface Plasmon Nanoparticle,SPN)有关的物理特性都可以用一个简单的单振子模型来解释。金属纳米颗粒 SPPs 共振波长一般在可见光波段和近红外波段之间,这与颗粒的形状、周围环境以及金属本身有关。如果是在共振频率处激发,激发的 SPN

电磁场的振幅要比激发电磁场大 10 倍以上。利用经典的弹簧振子模型来解释 SPN 时,SPN 的阻尼限制了共振的最大值以及它的谱宽。

值得注意的是,我们只能把这种模型看作是对 SPN 的定性描述。尤其是对以下要描述的阻尼机制,SPN 的量子特点显得尤为重要。金属纳米颗粒有多个振动模式。不同的模式主要是在电荷和场分布上有所不同[36]。对于最低极的(或偶极)SPN-模式,场分布主要由偶极子特性决定。高阶模式是由多级高阶电荷激发的。

3. SPN 共振的衰减

根据理论描述,SPN 共振的谱宽,振幅以及 SPN 的时间衰减受到 SPPs 衰减的影响。衰减和阻尼的机制可分为辐射阻尼、能量弛豫以及纯相移。

1) 纳米颗粒的近场和远场特性

（1）辐射阻尼——散射

由 SPN 激发的电磁场的散射是由于 SPN 电子振荡产生电磁波的再辐射而引起的。辐射的能量来自存储或泵浦进 SPN 的能量,由此也产生了所谓的辐射阻尼[38]。

（2）能量弛豫——吸收

除了辐射阻尼,SPPs 还存在内部损耗(欧姆损耗)。

SPN 在可见光及近红外波段都有共振,在这个能量范围内电磁场与金属的相互作用产生了电子空穴对[38]。由于 SPPs 也是电磁模式,它们也会以同样的模式衰减,进而产生电子空穴对。

SPPs 衰减激发电子空穴对后,由固体物理的知识可以知道电子空穴对的衰减方式有以下几种:电子-电子散射、电子-声子散射、表面散射等[37]。

（3）纯相移

纯相移描述了 SPPs 自身的弹性散射,它破坏了 SPPs 与激发电磁场之间的相位关系。实验证明,对于整个金属纳米颗粒的损耗来说,相移带来的损耗是可以忽略的[38]。

2) 吸收和散射截面与颗粒尺寸的关系

依据电偶极子近似以及准静态理论近似,有关单个粒子的吸收和散射截面的公式如下[36]

$$C_{\text{abs}} = k \, \text{Im}(\alpha)$$

$$C_{\text{scat}} = \frac{k^4}{6\pi} |\alpha|^2 \tag{1-1}$$

依照准静态近似,粒子的复极化率 α 与粒子的体积成比例变化。$|\alpha|$ 表示模

值,Im(α)代表极化率的虚部。由式(1-1)可以得出一个重要的结论:辐射阻尼和散射分别依赖于 α 的模平方以及粒子体积的平方,而吸收与 Im(α)及粒子体积之间是线性关系。也就是说,对于较小的颗粒,SPN 阻尼是由吸收来决定的,而对于较大的颗粒则是由散射来决定的。这也解释了为什么较大粒子的谱比较小粒子的谱要更宽[26]。

1.3.2 纳米颗粒阵列的消光谱

消光谱的峰值位置与金属的介电函数、介质环境,尤其是与粒子的形状有关。所有的这些影响因素都可以由粒子的准静态模型来描述。

1. 粒子形状的影响

对于椭圆体的颗粒,共振谱的位置与粒子的对称性有关。相比球形颗粒的 SPN 共振,当极化方向平行于椭圆体的长轴时,SPN 共振谱发生红移;当极化方向平行于椭圆体的短轴时,SPN 共振谱发生蓝移。图 1-3 所示为在玻璃基底上的不同的金属纳米颗粒阵列的消光谱[39-41]。

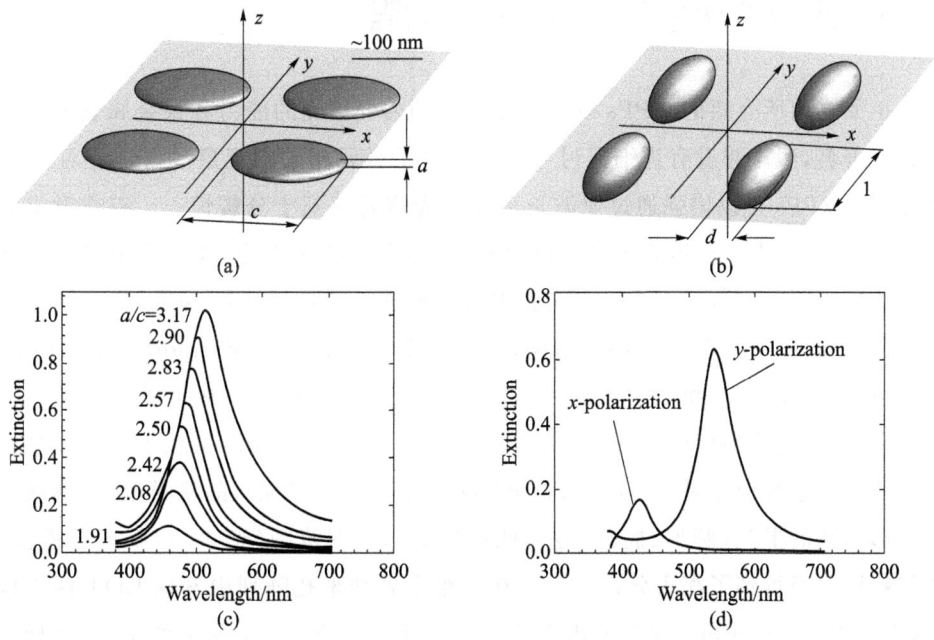

图 1-3 不同形状的金属纳米颗粒的消光谱($\log_{10} T$)[39-41]

2. 介电函数的影响

相比金纳米颗粒,同样形状的银纳米颗粒在较短的波长产生SPPs共振,这主要是金属的介电函数不同导致的[42]。除了金属的介电函数,对于较小的颗粒,粒子的形状也会对SPPs共振产生影响。如果颗粒的尺寸小于金属中电子的平均自由程(约等于10 nm),粒子表面的散射将对介电函数进行修正即增大介电函数的虚部[26]。当粒子的尺寸更小的时候(大约1 nm),粒子表面溢出的电子就不能再被忽略,这时就只能用各向异性和非均匀的介电函数[26]来进行描述。由介电函数来描述的连续性介质在这里就不再适用了。

周围的环境也会影响SPPs共振的透射谱,折射率增大会使SPN共振发生红移[26]。

1.4 表面等离激元的透射增强效应

1.4.1 周期性纳米孔阵列的透射增强

正如之前所介绍的,SPPs以在亚波长范围内局域光的能力和在金属表面导光能力而著名,但这并没有详细探讨与表面等离子激元相关的现象。科学界对1998年提出的SPPs可以增强通过亚波长小孔的光透射感到十分震惊[1]。有文章提到了,当亚波长孔嵌入在银膜上形成阵列时,在某些波长范围中,通过这个结构的透射光透射率可以显著地增强。在实验中透射峰的位置可以通过SPPs模式的色散关系近似找到。在SPPs发展的初期,非寻常光学透射现象(Extraordinary Optics Transmission,EOT)和SPPs的激发之间的紧密关系便已经非常明了。自从1998年以来,一些实验和理论课题组已经重现了上面所提到的SPPs在实验中所发现的主要特点。这种现象对金属类型(贵金属显示了更强的增强),晶格类型(方形或者三角形),孔的形状(圆形、椭圆、方形或者矩形),频率范围(光学、THz或者微波)的依赖性已经得到了深入分析[43-54]。在二维金属纳米孔阵列中发现EOT四年以后,有人报道了[55]EOT的现象也会出现在一个单一孔径(孔或狭缝)中。这种现象是由入射光周期性地撞击由金属膜的孔构成的两侧沟道而产生的。此外,如果沟道放置在出射侧,那么非常强的定向发射光束可以通过单孔。在本节中,将重点介绍二维孔阵列和单一孔缝中的 EOT 现象以及被沟道环绕的单一孔中发现的光束聚集效应的物理基础。

1.4.2 二维亚波长孔阵列的透射增强

简要描述文献[51]中方形孔阵列和文献[56]中圆形孔情形的基础理论体系部分。在本章的体系中，金属的介电常数考虑了金属-介质接触面表面阻抗边界条件[57]对金属膜的限制。然而，在金属孔的边界上，金属被当作完美电导体。这种近似简化了体系，使得孔内本征模式符合电磁场的表达式。对简单的孔形状（比如矩形、三角形或者圆形），本征模式的解析是众所周知的[58]。这种近似忽略了孔周围金属层的吸收。实验分析中具有代表性的几何参数是水平的金属-介质接触面（在这种情况下需要适当考虑吸收），水平方向的尺度要比垂直方向大许多。在讨论中，忽略了完美电导体层中的电磁场的渗透。这样一来存在一个重要的不足，因为在光学频域电磁场渗透入金属的距离，主要受金属的趋肤深度（贵金属一般在 10~20 nm 量级）影响。通过采用依赖于波长的有效孔径来避免这个缺点，从而使得孔内传播常数和精确计算值一致。在这些近似中，二维孔阵列的透射特性的计算相当于按照 Bloch 电磁模式在每个空间域进行了电磁场扩展。

在图 1-4 中描绘了圆形孔数值模拟的结果，结构尺寸和文献[52]中图 1 中的实验分析一样。该部分的结构应用了实验光谱中的主要值，最大值（在 780 nm 左右）和实验数据保持一致。然后，实验所得的峰比仿真计算所得的峰更小更宽，这是由于小孔的无序性或者小尺寸效应。

为了深入探究该现象的物理机制，找出 EOT 存在的最小模式便显得尤为重要。在图 1-5 中比较了图 1-4 中的全收敛性计算（实线）和考虑孔内本征模式（TE_{11} 模式，最小衰减倏逝波）的情况（虚线）。在图中可以明显看到，孔内很多的衰减模式导致了透射峰向短波长的微小移动（2 nm），但是总的光谱保持一致。忽略金属膜的吸收（在计算中将银的介电常数的虚部简化为 0），发现光谱（点图）中有两个峰可以达到 100% 透射，金属中网格效应的吸收可以在不改变物理图像的基础上降低结构中光溢出量。插图中，用对数坐标来更好地描述透射谱中 0 值（文献[9]中的 Wood 异常）的存在，之后将会讨论 0 值的产生原因。

这节中，将开始分析最小模式的结果（只考虑 TE_{11} 模式和虚部为 0 的情况）。为了揭示 EOT 的物理机制，将 EOT 和金属-介质接触面的 SPPs 模式相关联，在多重散射体系内计算了结构的透射率。在此体系中，可以通过孔内基膜（TE_{11}）的

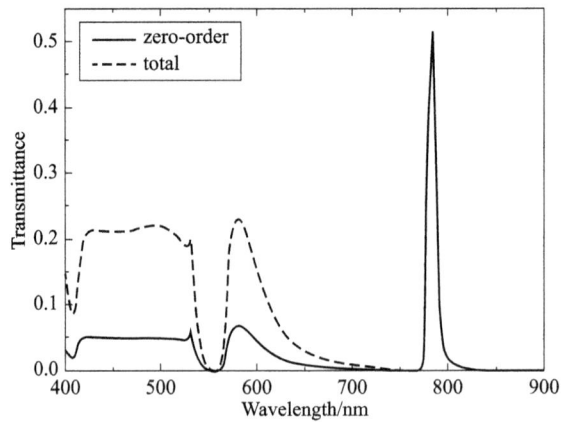

图 1-4　厚度为 $h=320$ nm 银膜中二维空阵列（阵列周期 $d=750$ nm，圆孔直径为 $a=280$ nm）的零阶透射（实线）和全透射（虚线）计算值[52]

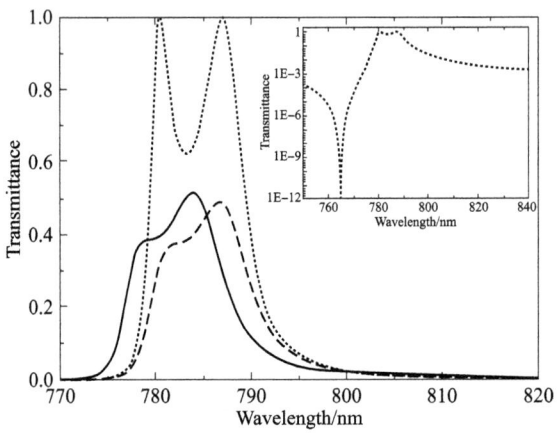

图 1-5　在图 1-4 应用全收敛计算（实线）结构分析的零阶透射，插图采用对数刻度[52]

传播常数（如图 1-6 所示）和两个不同金属-介质接触面的散射幅度的计算得到整个系统的透射幅度。

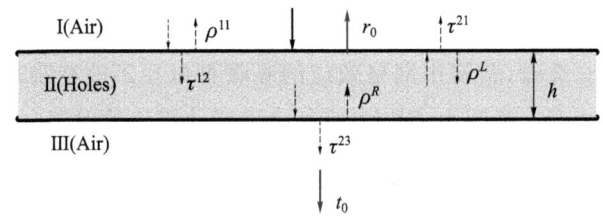

图 1-6　界面 Ⅰ-Ⅱ 和 Ⅱ-Ⅲ 不同散射量级的示意图，
文章中有不同机制的更详细描述

零阶透射幅度 t_0 可以表示如下：

$$t_0 = \frac{\tau_{12} e^{ik_z h} \tau_{23}}{1 - \rho^R \rho^L e^{ik_z h}} \tag{1-2}$$

式中，τ_{12} 和 τ_{23} 分别是Ⅰ-Ⅱ和Ⅱ-Ⅲ接触面的幅度透射率，$k_z = \sqrt{k_0^2 - (1.84/a)^2}$，$k_0$ 是真空中的电磁波数，ρ^R 和 ρ^L 是 TE_{11} 模在Ⅰ-Ⅱ和Ⅱ-Ⅲ接触面反射进孔的分量。在对称系统中，假设反射和透射区域中介电常数保持一致 $\rho^R = \rho^L = g\rho$。在图1-7中，描绘了二维方形孔阵列中 ($d=750$ nm, $a=280$ nm) τ_{12}、τ_{23}、ρ 与波长的函数关系曲线图。在散射幅度中出现了两个现象：一是，这3个量在785 nm周围出现了最大值；二是，在共振波长处的 $|\rho| \gg 1$。这种反常结果归因于孔内的基本固有模式的衰减，这种情况只约束 ρ 的虚部大于或等于0，不约束散射幅度的实部。

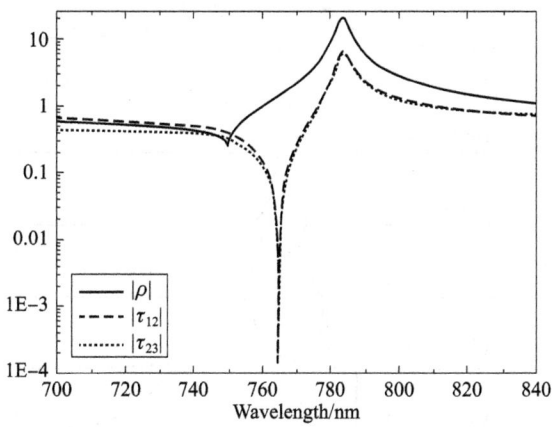

图1-7　银表面二维孔阵列（周期 $d=750$ nm，圆孔直径 $a=280$ nm）模数 ρ（实线），τ_{12}（虚线），τ_{23}（点线）与波长的函数关系[52]

与 ρ（τ_{12} 和 τ_{23}）有关的峰值表明了穿透金属的表面共振模式（表面泄露模式）的存在。它的谱宽和电磁场在辐射或者吸收之前存在于表面的时间有关。大的反射幅度使式(1-2)中的共振幅度有可能为偶数，从而有 $e^{-2|k_z|h} \ll 1$。

图1-8所示为在零阶透射谱中峰值波长恰好是 $|\rho|$ 和 $e^{|k_z|h}$ 最小的地方。这幅图明确表明在二维孔阵列中由于金属-介质接触面SPPs的存在，EOT具有共振特性。对于图1-8中 $h=100 \sim 400$ nm的薄膜，两条曲线相交于两个不同的波长从而出现了两个不同的透射峰。这两个峰分别对应于界面的对称和反对称的SPPs。这一部分SPPs是通过孔内倏逝场耦合的。这两种表面模式可以在结构内有效地传播能量（如果不计系统吸收的话可以达到100%）。当 h 进一步增大，两条曲线

将没有交点,光谱中只剩下一个小于 100% 的透射峰值。如上所述,峰值位置和银表面的二维孔阵列平行动量 $2\pi/d$ 处 SPPs 的位置相符。在文献[52]中可以找到关于表面耦合模和透射过程标准时间的详细讨论。

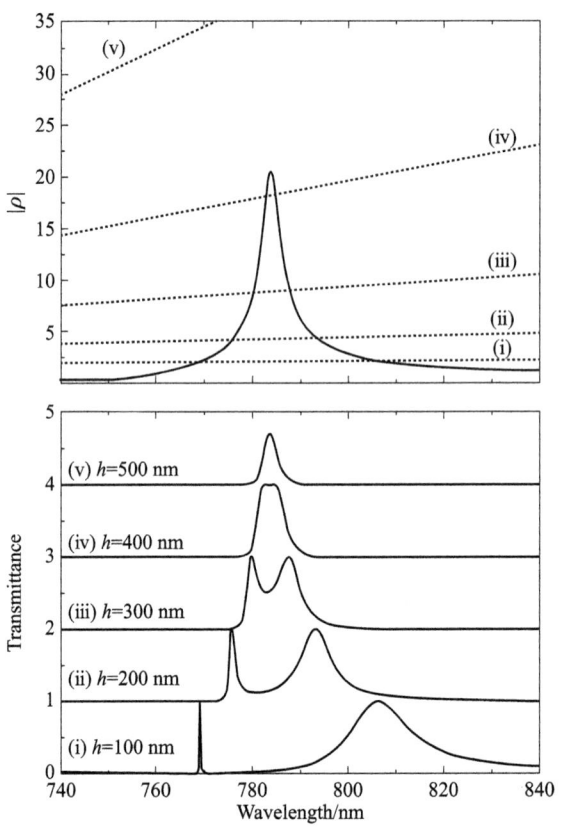

图 1-8　相同参数下 ρ 的模数相对不同 h 的指数曲线 $\exp(|k_z|h)$[52]

图 1-7 中另一个特征是 τ_{12}、τ_{23} 的绝对值在 765 nm 附近有零值,也就是理论光谱的零阶透射(参照图 1-4),即所谓的 Wood 异常。值得关注的是当传播的衍射波开始消逝时(这种情况出现在 750 nm 处)零值的位置和 Rayleigh 最小值的位置不一致。与之相反,τ_{12}、τ_{23} 的最小绝对值的位置和平坦的银表面(没有孔)平行动量 $2\pi/d$ 处 SPPs 的位置相符。这正是关于 EOT 和 SPPs 之间激发关系质疑的起源[59]。正如此前的描述以及文献[52]所阐释的,SPPs 调控了 EOT,将能量耦合到金属的表面结构。

在光学频域中,一旦将 EOT 解释为 SPPs 的激发,EOT 向其他频域可转移的问题便油然而起。在文献[52]中展示了 EOT 现象也出现在拥有二维孔阵列的完美电导体金属膜中。在文献[63]中可以看到关于 EOT 在完美电导体中存在的更广泛的理论分析。但是,光滑的完美电导体表面不支持 SPPs 模式。这也预示着在光学频域和完美电导体中金属 EOT 的产生是不同的。重要的是,表面电磁模式存在于沟槽状的完美电导体中,尤其是存在二维孔阵列的完美电导体中。最近,在文献[60]中展示了表面电磁模式是 EOT 在完美电导体中存在的原因。因此,EOT 是一种更加普遍的现象,出现于存在电磁模式的任何电磁结构中,可以与辐射模式耦合。这种假设在 THz[60]、微波频域[61]、光子晶体波导[61]金属上的应用中已经得到了证实。

1.4.3 单孔的透射增强

如上所述,文献[62]实验发现此结构(主要由输出波纹控制)辐射模式在一些共振波长存在微小的角度差异。例如,在图 1-9 所示为计算的 Poynting 矢量的远场径向分量,$S_r(\theta)$,以及在出射端被 $2N$ 个槽对称包围的单缝透射。应用的理论框架和之前小节描述的一样。呈现了相对共振波长 $\lambda_M = 750$ nm 的不同的 N 值。

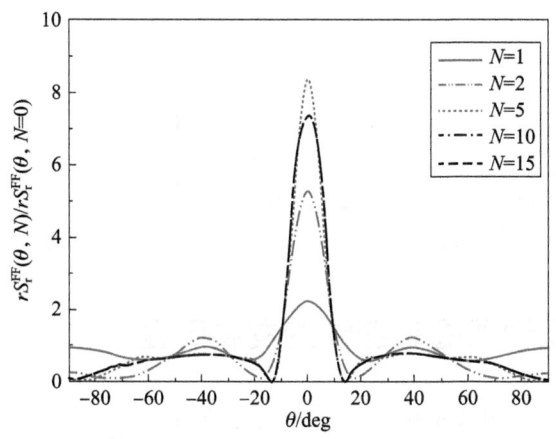

图 1-9 中间单缝(缝宽为 $a = 100$ nm)被 $2N$(N 值为 1~15)个槽(宽度和深度为 100 nm)包围的 Poynting 矢量的径向分量和角度,入射波长为 750 nm[62]

设置相同的几何参数,可以发现共振波长和在入射端被有限槽包围的单缝中的 EOT 一样。这个事实清楚地表明束缚效应的原因和被周期槽包围的单孔 EOT 一样——在出射面激发表面电磁模式。在文献[62]中可以找到对此表面模式形成以及其与辐射模式关系的详细描述。

1.5 光学双稳态发展

光学双稳态是一种且有反馈的非线性效应。光学双稳态的输入功率-输出功率特性不是单值的,而是一个回线,因此在对抗干扰能力方面优势较强。双稳态电子开关(开关晶体管)被广泛应用于电子技术中。其次具有光学双稳特性的光开关根据反馈方式的不同大体分为全光型和电光混合型两种。

如果一个光学系统在一定的输入光强下存在着两种(或多种)的输出光强,而且这两个(或多个)光强可以进行相互转换,则称该系统具有光学双稳性[63-65],如图 1-10 所示。

描述光学双稳性的特性曲线一般为输入与输出光强曲线(I_i-I_t 曲线),如图 1-11 所示。类似于磁滞回线,在回线的范围之内(又称为双稳区内),透射光强是入射光强的二值函数。

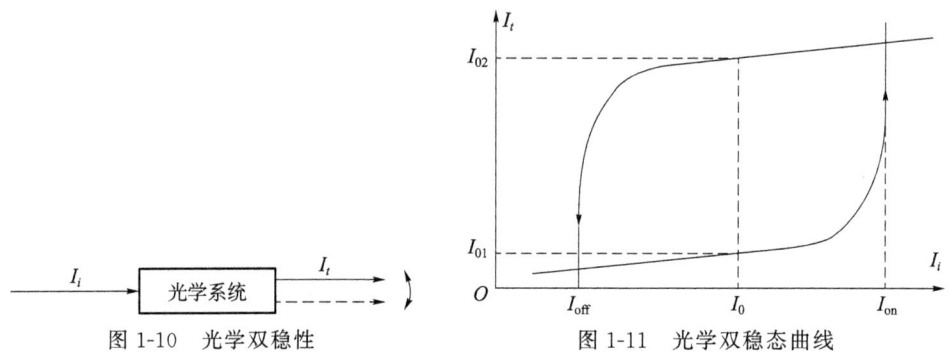

图 1-10 光学双稳性　　图 1-11 光学双稳态曲线

1.5.1 传统光学双稳态器件的发展历程

1968 年,Lisitsyn 和 Chebotaev 将吸收介质放置在 He-Ne 激光器的谐振腔中。通过改变腔内的损耗、腔的增益或者腔的吸收从而观察到光学双稳的回线[66],如图 1-12 所示。

1969 年,Seidel 首先提出了吸收光学双稳器件的思想[67],并给出双稳回线如图 1-13(a)所示。同年 Szoke 等首次给出了吸收型光学双稳性的理论

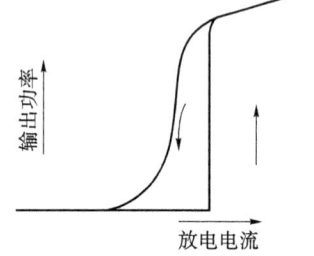

图 1-12 含有吸收气体的 He-Ne 激光器的光学双稳曲线[66]

模型[68],并且分析了吸收光学双稳器件的光电场分布,如图 1-13(b)所示。

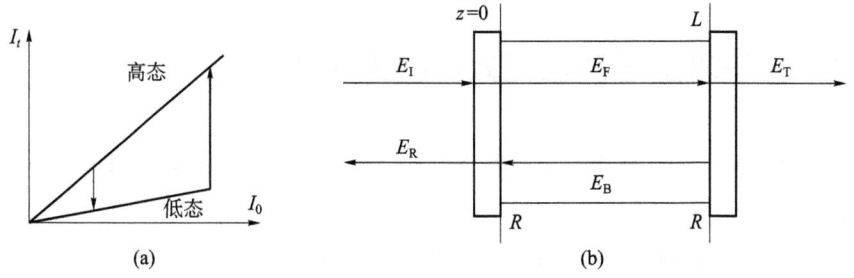

图 1-13　吸收型光学双稳曲线(a)与光电场分布(b)[67]

1975 年 Gibbs 等在纳蒸汽中首次实现全光型光学双稳性的实验观察[69]。它们用的法布里-珀罗(Fabry-Perot,F-P)腔是由两块反射率为 90%、相距 11 cm 的反射镜构成,钠蒸汽充于谐振腔内的热管炉中。1977 年 P. W. Smith 等将一块电光晶体放置于共焦 F-P 中实现首个电光混合型光学双稳器件[70]。1978 年,Smith 等实验演示了用光波导电光调制器实现的 F-P 型的光学双稳器件[71]。同年,Garmire 等首先提出非相干、无反射镜的电光型光学双稳器件[72]。

1979 年 Gibbs 等在 GaAs 的 F-P 标准具(长为 5 μm)中观察到半导体激子光学双稳性现象[73]。同时,Winful 等研究了在体非线性材料(或波导)表面有一正弦型折射率调制的光学双稳器件[74],如图 1-14 所示。Smith 等也报道了一个自供电的波导电光调制器 F-P 型混合光学双稳器件[75]。

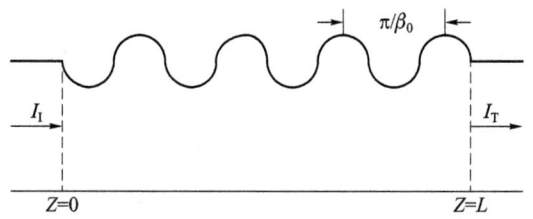

图 1-14　波导分布反馈结构[73]

1981 年,Li 和 Ji 发表了基于双光束干涉的电光 Michelson 干涉型光学双稳器件的研究结果[76]。时隔一年,Gibbs 等首次实现光学双稳器件的室温运转[77]。与此同时,Li 和 Xu 提出一种新型电光混合弄光学双稳器件[78],该器件使用扫描型 F-P 腔。1984 年,D.A.B.Miller 等首先提出了无镜光学双稳器件的原理[79]。与此同时,他们首次提出自电光效应器件,并在 pin 上加一个反偏电压和一个电阻来实现光学双稳效应[80]。2002 年,Li 等提出一种电光混合型 M-Z 干涉仪型光学双稳器件[81]。

1.5.2 基于表面等离激元效应的光学双稳态

基于 SPPs 光学双稳态是自发现 SPPs 产生条件之后人们最早研究与 SPPs 有关的内容之一。该研究起源于 Kretschmann 在 1971 年发表的关于如何激发 SPPs 的文章[82]。与此同时，Kretschmann 本人改进了自己所设计的结构，加入了三阶非线性介质，并在其论文中简要说明了光学双稳态的形成机理。基于 SPPs 光学双稳态历经了近 50 年的发展，大多数科学家致力于研究各类基于 Kretschmann 结构的金属结构能够产生 SPPs 的原因[83-86]。这些工作均是在 Kretschmann 结构的基础上进行一定的演进，如图 1-15 所示。

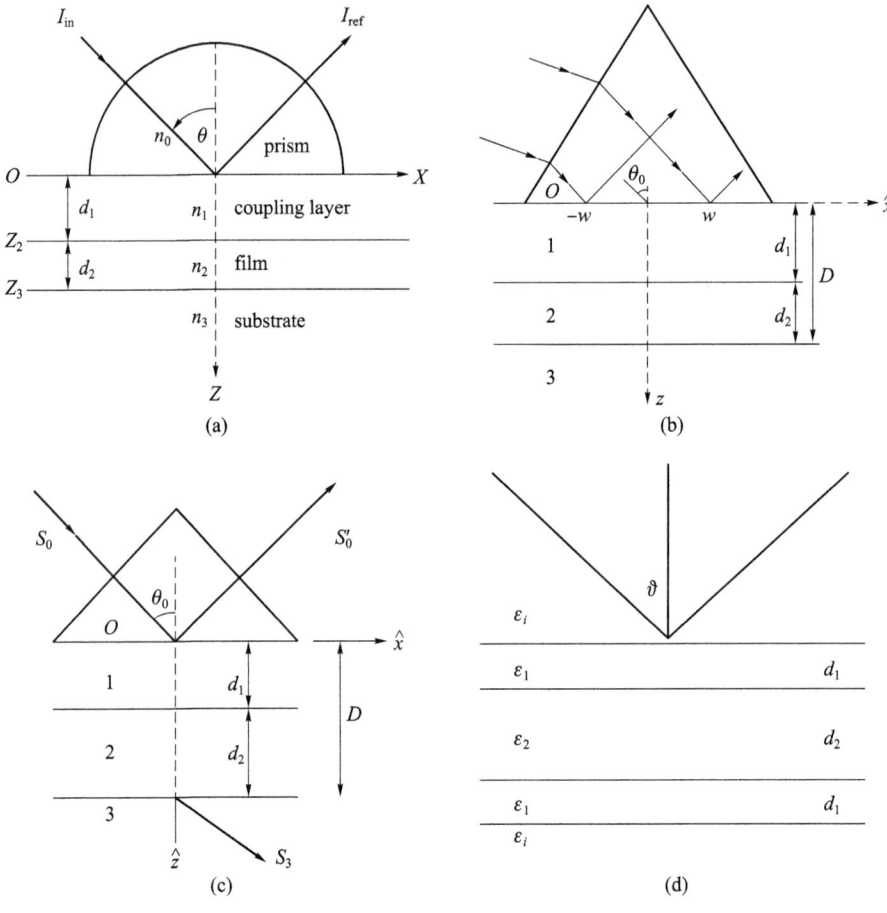

图 1-15 演进的 Kretschmann 结构

这些研究分别讨论了入射光的模式、入射光耦合成倏逝场的方式、倏逝场作用在三阶非线性介质的方式等。这一系列的研究中，主要是针对了光学双稳态这一个性质来讨论。

随着对 SPPs 研究的深入，科学家们逐渐将 SPPs 的其他效应与光学双稳态结合。其中，大多数研究都与透射增强效应相结合。2006 年，G. A. Wurtz 和他的同事在周期性金属孔阵列中填充非线性介质，在实验上验证了这类结构会有光学双稳态效应的发生[87]。他们所得到的结果显示，在泵浦光强打开时，与此前相比透射谱发生了根本的变化。这就暗示了这能够产生光学双稳态现象。

由于单个金属纳米腔也能够产生透射增强现象，在腔中填充三阶非线性介质同样也能够产生光学双稳态效应。在 2006 年以后，开展了越来越多的基于金属腔型结构的 SPPs 光学双稳态的研究[88-91]，如图 1-16 所示。这些结构中，产生光学双稳态的主要原因是通过金属腔自身的透射增强效应来大幅改变三阶非线性介质的介电常数。

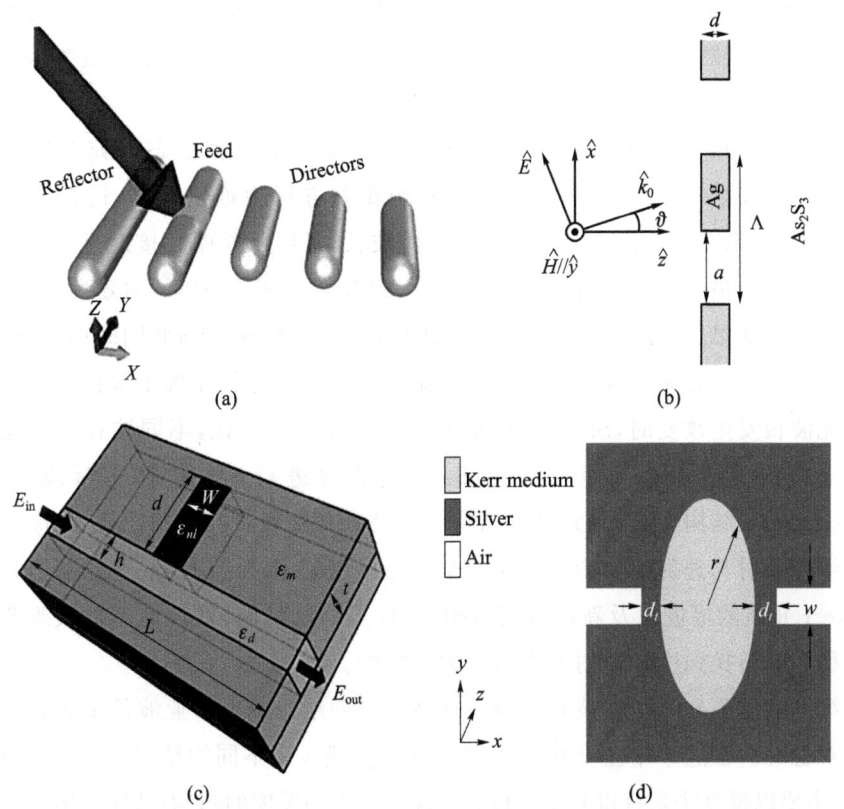

图 1-16　基于金属腔型结构的 SPPs 光学双稳态结构示意图

此类结构,尤其是在全光集成的光开关中,能够很好地在将来的纳米尺度器件中得到广泛的应用。

1.6 本书的主要内容

本章综合叙述了 SPPs 的研究现状,主要包括 LSP 效应,透射增强效应,基于 SPPs 的光学双稳态、周期性阵列的吸收 4 个方面。在本章综合表述的基础上,本论文的主要内容如下:

第 2 章主要介绍了金属纳米颗粒排列方式和光的偏振态对透射光的影响。单一的金纳米颗粒层具有增强透射的特性。改变相邻两组纳米颗粒链的间距、排列方式以及入射光的偏振角度时,透射谱有极大的改变。金纳米颗粒紧密排列时,由于颗粒间的 LSP 的作用,在特定的波长区域透射率能达到 0.7 左右;然而在金纳米颗粒的 LSP 激发效率最高的波长区域内,透射率最小;当波长一定时,透射率随相邻两组纳米颗粒链的间距增长呈现周期性振荡上升趋势。对于多层金纳米颗粒情况,层数的改变引起透射峰发生分裂。

第 3 章主要介绍了基于 Kretschmann 结构的光学双稳态研究及应用。从 Kretschmann 结构出发,经过对非线性亥姆霍兹方程的理论计算,讨论形成基于 SPPs 光学双稳态的条件。当给定入射光的波长,且银薄膜厚度接近于当前入射光波长所对应的最佳厚度时,由于银薄膜把入射光转化成为 SPPs 的效率达到最高,双稳态形成效果达到最好,同时需要的输入光强度也最小。与此同时由于 Kerr 介质的作用,SPPs 共振角随入射光强的变化关系曲线也充分体现了双稳态现象。当入射光波长发生改变时,SPPs 共振角也会发生极大的变化,不同波长入射光形成双稳态的效果不同。若将 Kretschmann 结构进行改进,使其形成发展的 Kretschmann 结构 I,以探索其输出特点。经研究发现,发展的 Kretschmann 结构 I 能够在反射与透射输出中均产生光学双稳态现象。对结构的一些参数(如:入射角、Kerr 介质的厚度以及新加入的结构)进行了细致讨论,发现此类参数改变对光学双稳态的转换强度和透射率都有较大的影响。

第 4 章主要介绍了亚波长金属周期性孔阵列结构或单个亚波长金属孔结构的光学双稳态。在这章中主要用了不同的方法描述 3 个不同的结构。对于孔过大的结构,主要以描点法来获得光学双稳态曲线。对于小尺度的结构(整体结构在 200 nm 到 500 nm 之间,孔的尺度小于 50 nm),选择对其结构整体输出的图形进行解释式的描述。在传输方向上,如果能够形成F-P腔的结构,选择利用经典的对光学双稳态的描述方法来对所设计的结构进行描述。

第5章主要介绍了一维基于金属纳米颗粒二聚体阵列的非寻常吸收效应与热点效应研究,从理论上分析了产生了集体共振效应的原因,对比理论计算与仿真之间的差异,并考查其在实际生活中的应用。

本章参考文献

[1] EBBESEN T W,LEZEC H J,Ghaemi H,et al.Extraordinary optical transmission through sub-wavelength hole arrays [J].Nature 1998,391 (6668):667-669.

[2] GUPTA S D, AGARWAL G S.Optical bistability with surface plasmons beyond plane waves in a nonlinear dielectric [J].J.Opt.Soc.Am.B 1986,3(2): 236-238.

[3] ZHOU H C,CHEN X,HOU P,et al.Giant bistable lateral shift owing to surface-plasmon excitation in Kretschmann configuration with a Kerr nonlinear dielectric [J].Opt.Lett.2008,33 (11):1249-1252.

[4] WANG F Y,LI G X,TAM H L,et al.Optical bistability and multistability in one-dimensional periodic metal-dielectric photonic crystal [J]. Appl. Phys. Lett.2008,92(21):211109.

[5] WURTZ G A,POLLARD R, ZAYATS A V.Optical bistability in nonlinear surface-plasmon polaritonic crystals [J].Phys.Rev.Lett.2006,97(5):057402.

[6] MIN C J,WANG P,CHEN C C,et al.All-optical switching in subwavelength metallic grating structure containing nonlinear optical materials [J].Opt.Lett. 2008,33(8),869-871.

[7] SHEN Y,WANG G P.Optical bistability in metal gap waveguide nanocavities [J]. Opt.Express 2008,16(12):8421-8426.

[8] LARGE N,ABB M,AIZPURUA J,et al.Photoconductively loaded plasmonic nanoantenna as building block for ultracompact optical switches [J].Nano Lett.2010,10(5):1741-1746.

[9] WOOD R W.On a remarkable case of uneven distribution of light in a diffraction grating spectrum [J].Phil.Mag.1902,4(21):396-402.

[10] GARNETT J C M.Colours in metal glasses and in metallic films [J].Philos. Trans.R.Soc.London 1904,73(1904):443-445.

[11] MIE G.Contributions to the optics of turbid media,particularly of colloidal metal solutions[J].Ann Phys,1908,330(3):377-445.

[12] PINES D.Collective energy losses in solids [J],Rev.Mod.Phys.,1956,28(3):184-198.

[13] FANO U.Atomic Theory of electromagnetic interactions in dense materials [J].Phys.Rev.,1956,103(5):1202-1218.

[14] RITCHIE R H.Plasma losses by fast electrons in thin films [J].Phys.Rev.,1957,106(5):874-881.

[15] RITCHIE R H,ARAKAWA E T,COWAN J J,et al.Surface-plasmon resonance effect in grating diffraction [J].Phys.Rev.Lett.,1968,21(22):1530-1533.

[16] OTTO A.Excitation of nonradiative surface plasma waves in silver by the method of frustrated total reflection [J].Z.Phys.,1968,216(4):398-410.

[17] KREIBIG U,ZACHARIAS P.Surface plasma resonances in small spherical silver and gold particles [J].Z.Physik,1970,231(2):128-143.

[18] CUNNINGHAM S L,MARADUDIN A A,WALLIS R F.Effect of a charge layer on the surface-plasmon-polariton dispersion curve [J].Phys.Rev.B,1974,10(8):3342-3355.

[19] FLEISCHMANN M,HENDRA P J,McQUILLAN A J.Raman spectra of pyridine adsorbed at a silver electrode [J].Chem.Phys.Lett.,1974,26(2):163-166.

[20] BRONGERSMA M L,HARTMAN J W,ATWATER H H.Plasmonics:electromagnetic energy transfer and switching in nanoparticle chain-arrays below the diffraction limit.in:Molecular Electronics [M].Boston,MA,USA:Sympo-sium,1999.

[21] TAKAHARA J,YAMAGISHI S,TAKI H,et al.Guiding of a one-dimensional optical beam with nanometer diameter [J].Opt.Lett.1997,22(7):475-478.

[22] PENDRY J.Negative refraction makes a perfect lens [J].Phys.Rev.Lett.,2000,85(18):3966-3969.

[23] GERSTEN J I. Surface shape resonances. In: Surface Enhanced Raman Scattering [M].New York:Plenum Press,1982.

[24] MOSKOVITS M.Surface-enhanced spectroscopy [J].Rev.Mod.Phys.1985, 57(3):783-826.

[25] ALDERTON M,STONE A J.Distributed multipole analysis Methods and applications[J].Molecular Physics,2002,100(1):221-233.

[26] KREIBIG U,Vollmer M.Optical Properties of Metal Clusters [M].Berlin: Springer-Verlag,1995.

[27] SCHALKHAMMER T.Nanoclusters as transducers for molecular structure and recognitive binding.In:Encyclopedia of Nanoscience and Nanotechnology [M]. New York:American Scientific Publishers,2004.

[28] WEST J L, HALAS N J.Engineered nanomaterials for biophotonics applications: Improving sensing, imaging, and therapeutics [J]. Ann. Rev. Biomed. Eng. 2003,5(1):285-292.

[29] BABA K,MIYAGI M.Optical polarizer using anisotropic metallic island films with a large aperture and a high extinction ratio[J].Optics Letters, 1991,16(12):964-966.

[30] BAUER G, HASSMANN J, WALTER H, et al. Resonant nanocluster technology—From optical coding and high quality security features to biochips [J].Nanotechnology,2003,14(12):1289.

[31] QUINTEN M, LEITNER A, KRENN J R, et al. Electromagnetic energy transport via linear chains of silver nanoparticles [J].Opt.Lett.1998,23(17): 1331-1333.

[32] MAIER S A,BRONGERSMA M L,KIK P G,et al.Plasmonics—A route to nanoscale optical devices [J].Adv.Mater.2001,13:1501.

[33] LAKOVICZ J R.Radiative decay engineering:Biophysical and biomedical applications [J].Anal.Biochem.,2001,298(1):1-24.

[34] TAKAKUSA H,KIKUCHI K,URANO Y,et al.Design and synthesis of an enzyme-cleavable sensor molecule for phosphodiesterase activity based on fluorescence resonance energy transfer [J]. Journal of the American Chemical Society,2002,124(8):1653-7.

[35] JACKSON J D.Classical Electrodynamics [M].New York:Wiley,1962.

[36] BOHREN C F, HUFFMAN D R. Absorption and Scattering by Small Particles [M]. New York: Wiley, 1983.

[37] WOKAUN A, GORDON J P, LIAO P F. Radiation damping in surface-enhanced Raman scattering [J]. Phys. Rev. Lett. 1982, 48(14): 957-960.

[38] KITTEL J. Introduction to Solid State Physics [M]. New York: Wiley, 1996.

[39] WOKAUN A, GORDON J P, LIAO P F, et al. Radiation Damping in Surface-Enhanced Raman Scattering [J]. Physical Review Letters, 1982, 48, 1574.

[40] GOTSCHY W, VONMETZ K, LEITNER A, et al. Thin films by regular patterns of metal nanopar-ticles: tailoring the optical properties by nanodesign [J]. Appl. Phys. B, 1996, 63(4): 381-384.

[41] DITLBACHER H, KRENN J R, LAMPRECHT B, et al. Spectrally coded optical data storage by metal nanoparticles [J]. Opt. Lett. 2000, 25(8): 563-565.

[42] PALIK E D. Handbook of Optical Constants of Solids [M]. New York: Academic Press, 1985.

[43] GHAEMI H F, THIO T, GRUPP D E, et al. Surface plasmons enhance optical transmission through subwavelength holes [J]. Phys. Rev. B 1998, 58(11): 6779-6782.

[44] MARTIN-MORENO L, GARCIA-VIDAL F J, LEZEC H J, et al. Theory of extraordinary optical transmission through subwavelength hole arrays [J]. Phys. Rev. Lett. 2001, 86(6): 1114-1117.

[45] SALOMON L, GRILLOT F D, ZAYATS A V, et al. Near-field distribution of optical transmission of periodic subwavelength holes in a metal film [J]. Phys. Rev. Lett. 2001, 86(6): 1110-1113.

[46] KRISHNAN A, THIO T, KIMA T J, et al. Evanescently coupled resonance in surface plasmon enhanced transmission [J]. Opt. Commun. 2001, 200(1-6): 1-7.

[47] DEGIRON A, LEZEC H J, BARNES W L, et al. Effects of hole depth on enhanced light transmission through subwavelength hole arrays [J]. Appl. Phys. Lett. 2002, 81(23): 4327-4329.

[48] BONOD N, ENOCH S, LI L, et al. Resonant optical transmission through thin metallic films with and without holes [J]. Opt. Exp. 2003,11(5):482-490.

[49] GENET C, VAN EXTER M P, WOERDMAN J P. Fano type interpretation of red shifts and red tails in hole array transmission spectra [J]. Opt. Comm. 2003,225(3-6):331.

[50] BARNES W L, MURRAY W A, DITINGER J, et al. Surface plasmon polaritons and their role in the enhanced transmission of light through periodic arrays of subwavelength holes in a metal film [J]. Phys. Rev. Lett., 2004,92(10):107401.

[51] GORDON R, BROLO A G, MCKINNON A, et al. Strong polarization in the optical transmission through elliptical nanohole arrays [J]. Phys. Rev. Lett. 2004,92(3):37401.

[52] KLEIN-KOERKAMP K J, ENOCH S, SEGERINK F B, et al. Strong influence of hole shape on extraordinary transmission through periodic arrays of subwavelength holes [J]. Phys. Rev. Lett. 2004,92(18):183901.

[53] GOMEZ-RIVAS J, SCHOTSCH C, BOLIVAR P H, et al. Enhanced transmission of THz radiation through subwavelength holes [J]. Phys. Rev. B,2003,68(20):201306.

[54] BERUETE M, SOROLLA M, CAMPILLO M, et al. Enhanced millimeter-wave transmission through subwavelength hole arrays [J]. Opt. Lett. 2004,29(21):2500-2502.

[55] LEZEC H J, DEGIRON A, DEVAUX E, et al. Beaming light from a subwavelength aperture, Science 2002,297(5582):820-822.

[56] MARTIN-MORENO L, GARCIA-VIDAL F J. Optical transmission through circular hole arrays in optically thick metal films [J]. Opt. Express 2004,12(16):3619-3628.

[57] JACKSON J D. Classical Electrodynamics [M]. New York: Wiley,1975.

[58] MORSE P M, FESHBACH H. Methods of Theoretical Physics [M]. New York: McGraw-Hill,1953.

[59] CAO Q, LALANNE P. Negative role of surface plasmons in the transmission of metallic gratings with very narrow slits [J]. Phys. Rev. Lett. 2002,88(5):57403.

[60] PENDRY J B,MARTIN-MORENO L,GARCIA-VIDAL F J.Mimicking surface plasmons with structured surfaces [J].Science 2004,305(5685):847-848.

[61] MORENO E,GARCIA-VIDAL F J,MARTIN-MORENO L.Enhanced transmission and beaming of light via photonic crystal surface modes [J].Phys.Rev.B 2004,69(12):121402.

[62] MARTIN-MORENO L,GARCIA-VIDAL F J,LEZEC H J,et al.Theory of highly direc-tional emission from a single aperture surrounded by surface corrugations [J].Phys.Rev.Lett.2003,90(16):167401.

[63] 李淳飞.光学双稳器件及其应用[J].物理学进展,1986,6(4):427.

[64] 李淳飞.光学双稳态研究20年[J].物理,1996,25(5):267-272.

[65] 叶佩弦.非线性光学[M].北京:中国科学技术出版社,1999.

[66] LISITSYN V N,CHEBOTAEV V P.Hysteresis and "hard" excitation in a gas laser [J].Sov.Phys.JETP,1968,27(7):227.

[67] SEIDEL H.Bistable optical circuit using saturable absorber within a resonant cavity [M].U.S.:Patternt,1969.

[68] SZOKE A,DANEU V,GOLDHAR J,et al.Bistable optical element and its applications [J].Appl.Phys.Lett.1969,15(11):376-379.

[69] GIBBS H M,MCCALL S L,VENKATESAN T N C.Differential gain and bistability using a sodium-filled Fabry-Perot interferometer [J].Phys.Rev.Lett.1975,36(19):1134-1138.

[70] SMITH P W,TURNER E H A.Bistable fabry-perot resonator [J].Appl.Phys.Lett.1977,30(6):280-281.

[71] ARECCHI F T,POLITI A.Optical bistability in a resonant two-photon absorber[J].Lettere al Nuovo Cimento,1978,23(2):65-69.

[72] GARMIRE E,MARBURGER J H,ALLEN S D.Incoherent mirrorless bistable optical devices [J].Appl.Phys.Lett.1978,32(5):320-321.

[73] GIBBS H M,MCCALL S L,VENKATESAN T N C,et al.Optical bistability in semiconductors.Appl.Phys.Lett.1979,35(6):451-453.

[74] WINFUL H G,MARBUEGER L H,GARMIRE E.Theory of bistability in nonlinear distributed feedback structures [J].Appl.Phys.Lett.1979,35(5):379-381.

[75] SMITH P W, KAMINOW I P. Self-contained integrated bistable optical devices [J]. Appl. Phys. Lett. 1979, 34(3):62-65.

[76] LI C F, JI J R. Demonstration of optical bistability using a Michelson interferometer [J]. IEEE JQE, 1981, QE-17(8):1317-1320.

[77] GIBBS H M, TARNG S S, JEWELL J L, et al. Room-temperature excitonic optical bistability in a GaAs-AlGaAs superlattice etalon [J]. Appl. Phys. Lett. 1982, 41(2):221-222.

[78] LI C F, XU J C. Scanning Fabry-Perot interferometer bistable optical device [J]. Chi. Phys. 1982, 2(2):794.

[79] MILLER D A B, GOSSARD A C, WIEGMANN W. Optical bistability form increasing absorption [J]. J. Opt. Soc. Am, 1984, 9(5):447-449.

[80] MILLER D A B, CHEMAL D S, DAMEN T C, et al. Novel hybrid optically bistable switch: the quantum well self electro-optic effect device [J]. Appl. Phys. Lett. 1984, 45(1):12-15.

[81] LI C F, ZHOU F, YANG K. High accuracy optical bistable interferometer fiber sensors [J]. J. Non. Opt. Phys. & Mater, 2002, 11(2):124-130.

[82] KRETSCHMANN E. The Determination of the Optical Constants of Metals by Excitation of Surface Plasmons [J]. Z. Physik 1971, 241, 312-324.

[83] HICKERNELL R K, SARID D. Optical bistability using prism-coupled, long-range surface plasmons [J]. J. Opt. Soc. Am. B 1986, 3(8):1059-1220.

[84] MONTEMAYOR V J, DECK R T. Optical bistability with the waveguide mode [J]. J. Opt. Soc. Am. B 1985, 2(6):1010-1013.

[85] MONTEMAYOR V J, DECK R T. Optical bistability with the waveguide mode: the case of a finite-width incident beam [J]. J. Opt. Soc. Am. B 1986, 3(9):1211-1220.

[86] PANDE M B, GUPTA S D. Effects of saturation on optical bistability with coupled surface plasmons [J]. Pramana-J. Phys. 1991, 37(4):357-362.

[87] WURTZ G A, POLLARD R, ZAYATS A V. Optical Bistability in Nonlinear Surface-Plasmon Polaritonic Crystals [J]. Phys. Rev. Lett. 2006, 97(4):057402.

[88] MAKSYMOV I S, MIROSHNICHENKO A E, KIVSHAR Y S. Actively tunable bistable optical Yagi-Uda nanoantenna [J]. Opt. Express 2012, 20(8):8929-8938.

[89] MATTIUCCI N,D'AGUANNO G,BLOEMER M J.Long range plasmon assisted all-optical switching at telecommunication wavelengths [J]. Opt. Lett.2012,37(2):121-123.

[90] PANNIPITIYA A, RUKHLENKO I D, PREMARATNE M. Analytical theory of optical bistability in plasmonic nanoresonators [J].J.Opt.Soc.Am. B 2012,28(11):2820-2826.

[91] WANG G X,LU H,LIU X M,et al.Optical bistability in metal-insulator-metal plasmonic waveguide with nanodisk resonator containing Kerr nonlinear medium [J].Appl.Opt.2011,50(27):5287-5290.

第 2 章
金属纳米颗粒排列方式和光的偏振态对透射光的影响

2.1 引 言

  Ebbesen 等人发现的亚波长周期孔阵列的超强透射(也称透射增强)现象[1],吸引了众多科学家的注意。此后,研究人员分别在实验和理论方面对相关参量与超强透射现象之间的内在联系进行了许多新的探索。实验选材上,在可见光与红外区域主要以金、银等贵金属[2,3]为主,太赫兹波段将材料的研究扩展到了如硅等半导体材料[4]。在理论中,对于亚波长金属结构形状,如矩形孔、圆柱形孔、椭圆形孔和纳米缝的研究也在进行[2,5-9]。这些结构能够在不同频率的小范围区域下产生超强透射效应。与此同时,亚波长金属光栅与亚波长金属缝隙的复合结构表现出明显的超强透射效应。另外,不仅仅是上述阵列结构能够产生超强透射效应,纳米颗粒按一定的方式排列也能够产生超强透射。同时,由于制备方便,纳米颗粒也引起众多科学家们的注意。目前,对于纳米颗粒的研究,主要集中在改变颗粒形状、材料、衬底结构或排列方式并通过吸收、散射和消光[10-22]的变化规律来研究纳米颗粒表面的 LSP 之间的相互作用。通过以上的研究发现,金属纳米颗粒同样具有波导作用。它们能够将能量在三维中传递开来。因此,金属纳米颗粒在超强透射中有潜在的应用价值。

  通过研究发现,在二氧化硅衬底上镀上一层有序排列的金属纳米颗粒涂层后,该结构具有低反射现象。在本节中,采用金属的复合 Lorentz 模型,利用三维全矢量时域有限差分法(Finite Difference Time Domain,FDTD),研究有序排列的单层与多层金属纳米颗粒阵列层的超强透射效应。金属纳米颗粒有两种排列结构,一种被称为三角形晶格排列结构,也就是两个纳米颗粒链错开一个颗粒平行排列;另一种被称为矩形晶格排列结构,也就是两个纳米颗粒链平行排列。为了研究入射光的偏振态对输出谱的调控作用,入射光将采用不同偏振态。当纳米颗粒以三角形晶格排列时,所得到的透射谱呈现出的周期振荡上升趋势较为明显。同时也对多层结构(一到五层的情况)分别进行讨论。

2.2 计算模型与仿真

在本节中,将给出计算所用到的模型以及模型中各部分的参数。根据利用自组装聚苯乙烯小球来提高介质透射率的实验参数,以直径 105 nm 的球形金纳米颗粒作为材料。球形金颗粒沿 X 轴方向紧密排列成一条链,将这样的多条链组成一个平面薄膜层,并将其放置在二氧化硅($\varepsilon=2.25$)衬底上。相邻两条链之间的距离以 4 nm 为间隔从 0 变化到 120 nm。入射光垂直照在样品表面上。为了考查入射光的偏振态对已排列好的球形金纳米颗粒阵列透射增强效果的影响,使入射光的偏振方向与 X 轴方向分别成 30°、45°和 60°。为了在三维时域有限差分法仿真过程中能够清楚地描述直径为 105 nm 的球形金纳米颗粒,空间网格化的单位步长的大小至少应该是小于 5 nm,为了提高精度选择 2.5 nm 作为空间网格化的单位步长。同时,也将原来的系统默认的时间单位步长从 1.66782×10^{-17} s 改换为 4.17×10^{-18} s,目的是使得已有的空间网格化的单位步长与时间单位步长相匹配。由于金属的介电常数是随入射光波长的改变而改变的,因此需要将金属介电常数以等效模型的形式代入仿真计算中。金属的介电常数模型包括 Drude 模型、Lorentz 模型、复合 Drude-Lorentz 模型与复合 Lorentz 模型,复合 Lorentz 模型的计算精度高于其他 3 种,因此,金的介电常数模型采用复合 Lorentz 模型。具体参数如表 2-1 所示[23]。

表 2-1 金的介电常数模型为复合 Lorentz 模型时的各部分参数

	ω_a/Hz	ω_c/Hz	ω_p/Hz
1	0	1.28159×10^{13}	1.90346×10^{15}
2	1.00343×10^{14}	5.82728×10^{13}	3.38253×10^{14}
3	2.00691×10^{14}	8.34196×10^{13}	2.18341×10^{14}

|第 2 章| 金属纳米颗粒排列方式和光的偏振态对透射光的影响

续 表

	ω_a/Hz	ω_c/Hz	ω_p/Hz
4	7.17892×10^{14}	2.10363×10^{14}	5.81789×10^{14}
5	1.04069×10^{15}	6.03040×10^{14}	1.69267×10^{15}
6	3.22073×10^{15}	5.35337×10^{14}	4.57163×10^{15}

表中，ω_a 为谐振频率，ω_c 为阻尼振动频率，ω_p 为等离子体共振频率。每一栏参数在特定的频率范围内能将金的介电常数的计算模型值与实验中所测量的介电常数值符合得较好。以上参数足以囊括全书所要讨论的所有的频率。综合考虑时间单位步长与空间网格化单位步长，可以评估整个仿真过程在经历 30 000 个时间单位步长后收敛。因此，选择 35 000 个时间单位步长作为整个仿真过程的总时间。

首先考虑单层金纳米颗粒置于二氧化硅上的情况。将球形金纳米颗粒按照两种不同的方式排列起来，如图 2-1 所示。第一种排列：将相邻两条球形金纳米颗粒链错开半个周期进行排列，称这种排列方式为三角晶格排列方式，如图 2-1(a)所示；第二种排列方式：将相邻两条球形金纳米颗粒链错开一个周期进行排列，称这种排列方式为矩形晶格排列方式，如图 2-1(b)所示。选择入射光与 X 轴夹角分别

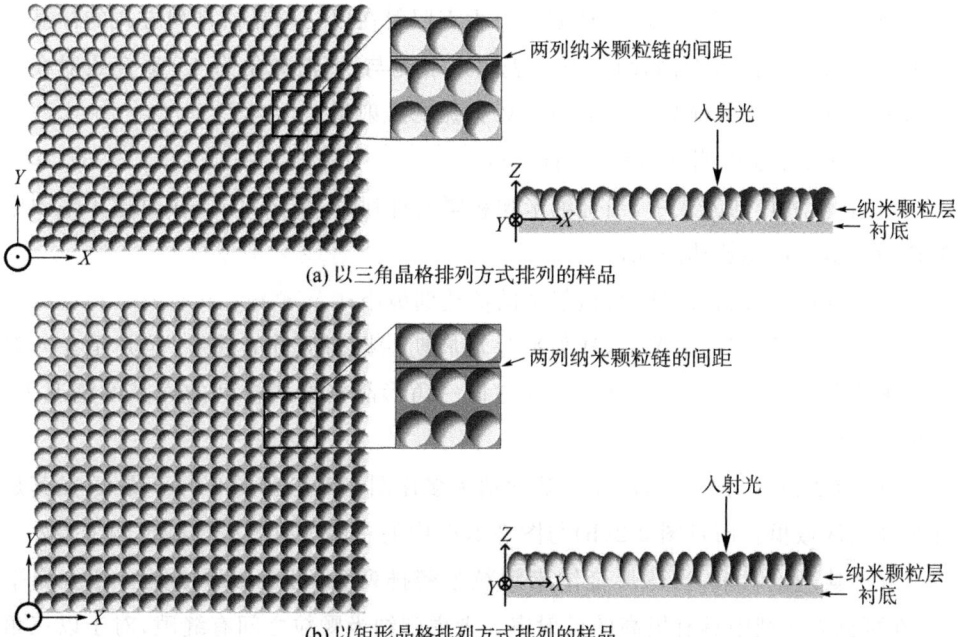

图 2-1 两类计算模型的示意图

为 30°、45°和 60°的 3 种偏振态垂直照射在以三角晶格排列方式的样品表面上(CaseA、CaseB、CaseC)。对于以矩形晶格排列方式的样品来说,只考虑入射光偏振态与 X 轴夹角为 45°垂直照射在样品上的情况(CaseD)。在选定的区域中,入射光方向与出射光方向上的边界条件均为吸收性边界条件,其他 4 个方向上的边界条件均为周期性边界条件,以此在仿真中满足对周期性边界的模拟效果。最后,通过 TM 偏振的透射谱说明金属纳米颗粒中局域 SPPs 的耦合特点。

2.3 计算结果与讨论

在上节阐述了仿真中用的所有模型参数。因此,在本节,将上一节的模型利用 FDTD 进行模拟仿真计算,最终得到一系列的透射谱,并根据透射来分析局域 SPPs 的相互作用过程。

利用上节所提到的参数,将相邻两条金纳米颗粒链之间的距离以 4 nm 为间隔,从 0 变化到 120 nm 所得的透射曲线,按照不同排列方式以及不同的入射光的偏振态组合成一系列的谱线,如图 2-2 所示。图 2-2(a)到图 2-2(c)表示入射光与 X 轴夹角为 30°、45°和 60°的 3 种偏振态垂直照射在以三角晶格排列方式的样品表面上的 TM 偏振的透射谱,图 2-2(d)表示入射光与 X 轴夹角为 45°垂直照射在以矩形晶格排列方式的样品表面上的 TM 偏振的透射谱。

从图 2-2 中能够明显得到下列现象:

(1)在两种排列方式中,当金纳米颗粒紧密排列时,图 2-2(a)~(d)这 4 幅图中的透射率最大值能够达到 0.7;

(2)在特定的波长区域中,透射率的值达到最小;

(3)在波长固定的情况下,透射率呈现周期性振荡上升的趋势,尤其是在入射光偏振态与 X 轴夹角为 45°垂直照射在以三角形晶格方式排列的样品的情况下,此现象更明显;

(4)图 2-2(b)与图 2-2(d)中的透射值大多比图 2-2(a)和图 2-2(c)要大,尤其是在长波长区域里。而且图 2-2(b)与图 2-2(d)中的总体透射效果比其他两个要好。

在经典理论看来,当球形金纳米颗粒紧密排列时,可近似看成是一个金属平面,在可见光区域中具有极高的反射率。考虑到纳米颗粒之间有缝隙,对于以三角晶格方式排列样品来说,缝隙面积之和与样品面积的比值约为 0.09;对于以矩形晶格方式排列的样品来说,比值约为 0.21。因此,透射率最大值也就应该为 0.09(以

第 2 章 金属纳米颗粒排列方式和光的偏振态对透射光的影响

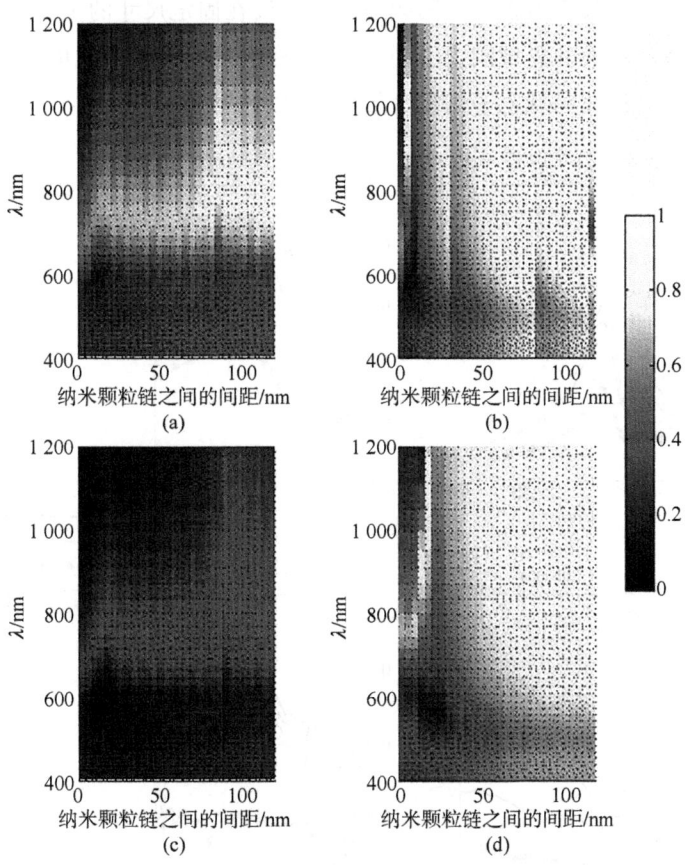

图 2-2 单层纳米颗粒的 TM 偏振的透射谱

三角晶格方式排列样品)和 0.21(以矩形晶格方式排列样品)。为了进一步直观地说明以上问题,特别将某些特定条件下的透射曲线提取出来并进行相互比对,进而解释以上现象,如图 2-3 所示。

首先按照以上的两种排列方式和入射光偏振态的 4 种组合,选取相邻两条纳米颗粒链间距为 0 nm,其透射率随入射波长变化曲线如图 2-3(a)所示。绝大多数波长范围内,透射率都大于 0.09(以三角晶格方式排列的样品)或 0.21(以矩形晶格方式排列的样品)。由于入射光在入射表面遇到金纳米颗粒,在颗粒上产生了 LSP。颗粒的 LSP 在样品的入射面上引起电子分布不均,出射面上引起感应电荷。此感应电荷的振动方式与 LSP 共振类似。因此可以认为是在出射面上产生了感应 LSP。金属纳米颗粒表面上产生的 SPPs 通常会转化为散射光。由于所有金纳米颗粒可以看成是相同的,所以所有颗粒散射出的光都相同。LSP 在金纳米颗粒上的作用使透射效果增强。不同频率的电磁波在固定尺寸的金属纳米颗粒上引起的电子在颗粒表面的局域能力不同,透射率较大的电磁波局域电子的能力较小,透射率较小的电磁波局域电子的能力较大,所以透射率就不同。

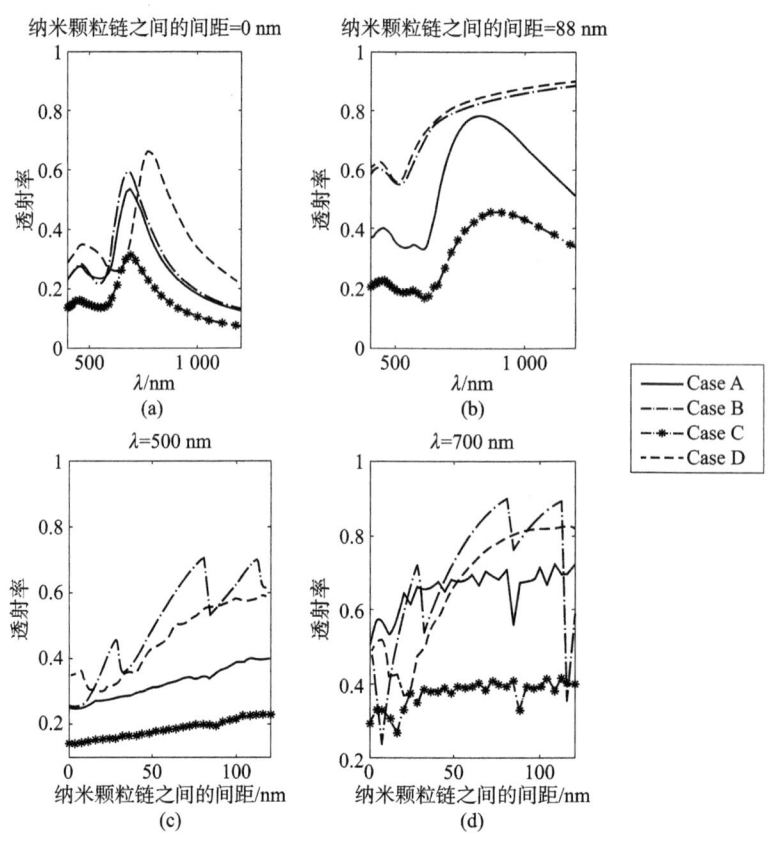

图 2-3　特定条件下的透射曲线

其次,选取相邻两条纳米颗粒链间距为 88 nm 时的透射率随入射波长变化曲线,如图 2-3(b)所示。从图中可以看出来,在此间距下,对于以三角晶格方式排列的样品来说,缝隙面积之和与样品面积的比值约为 0.45;对于以矩形晶格方式排列的样品来说,比值约为 0.52。因此,透射率最大值也就应该为 0.57(以三角晶格方式排列样品)和 0.58(以矩形晶格方式排列样品)。以上 4 条曲线中,只有入射光偏振态与 X 轴夹角为 60°垂直照射在以三角晶格排列方式的样品表面上的透射率全部小于经典理论计算的透射率最大值,也就是说在此种情况下,没有过多的 LSP 转化为辐射场。这是由于入射光的偏振态沿 X 轴的分量较小,没有引起足够的 LSP 共振效果。因此才有上述现象产生。

|第 2 章| 金属纳米颗粒排列方式和光的偏振态对透射光的影响

再次,将入射光的波长固定在 500 nm 时可以得到透射率随相邻两条纳米颗粒链间距变化的曲线,如图 2-3(c)所示。综合图 2-2(a)到图 2-2(d),可以看出,当相邻两条金纳米颗粒链间距固定时,透射率最低值出现在 500 nm 左右的一个小区域内。对于单个的直径为 105 nm 的金纳米颗粒来讲,LSP 的激发共振效率最高的波长在 500 nm 左右,所以 500 nm 左右的入射光主要用来激发 LSP,此时透射率最小。对于所有的金纳米颗粒来说,任意两个金纳米颗粒均相同,所以对于整个样品来说,无论以何种方式排列,何种偏振态入射,此时的透射率达到了最小值。这是由所有纳米颗粒集体作用的效果。

最后,选取入射波长为 700 nm 时,透射率随相邻两条纳米颗粒链间距变化曲线来说明入射光的偏振态是如何影响透射谱的,如图 2-3(d)所示。从图中可以得知:透射率随相邻两条纳米颗粒链间距的增加呈现周期性振荡上升的趋势,尤其是在入射光偏振态与 X 轴夹角为 45°垂直照射在以三角形晶格方式排列的样品的情况下,此现象更明显。由纳米颗粒之间间距改变引起的透射共振的改变,可以用不同晶格排列方式排列的纳米颗粒之间,受入射光偏振态影响的相互作用来解释。对于局域在单个金属纳米颗粒上的等离子,入射光偏振方向的电场引起表面电荷分布的改变,从而形成排斥力。此模型可以理解为弹簧振子模型。当另一个金属纳米颗粒靠近时,外加的力沿着入射光的偏振方向同时作用在两个粒子上。纳米颗粒链的间距从 0 变化到 120 nm,可以忽略远场效应[22]。当间距从 0 开始增加时,仅仅改变的是相邻两条金纳米颗粒链之间的间距。这样,仅考虑三个纳米颗粒(三角形晶格排列)或者是两个纳米颗粒(矩形晶格排列)之间的相互作用。入射光的偏振可以分解成两个部分,一部分为平行于纳米颗粒链 C_p;另一部分为垂直纳米颗粒链 C_n。当样品中的纳米颗粒以三角形晶格排列方式排列时,以 3 个颗粒为单元,其他单元均可以由所设定的单元重复组合在一起,因此忽略其他的影响,如图 2-4(a)所示。此时,由于需要考虑不在同一链上的两个颗粒之间表面电荷所引起的排斥力的作用,入射光的偏振态作用在三角形晶格上的平行分量记为 $Cp_{tri}=1.5\sin(\Delta\theta)Cp$,垂直分量记为 $Cn_{tri}=1.5\cos(\Delta\theta)Cp$,其中 $\Delta\theta=0.5(\theta_1+\theta_2)$,$\theta_1$ 是入射光偏振方向与 x 轴的夹角,如图 2-4(b)所示,θ_2 是由于颗粒排列产生的力的方向与水平方向的夹角,如图 2-4(c)所示。当纳米颗粒以矩形晶格排列方式排列时,以不在同一链上的两个相邻距离最短的两个颗粒为单元。此时入射光的平行分量与垂直分量均不发生改变。入射光的两个分量分别对透射谱产生影响,平行分量使得透射峰发生蓝移,而垂直分量引起透射峰的红移[22]。当纳米颗粒以三角形晶格排列时,对透射谱产生影响的两个分量均与 $\Delta\theta$ 有关,且随着相邻两条纳米颗粒链的间距增加而呈现周期性的改变;而当以矩形晶格排列时,两分量基本不变。所以当以三角晶格排列时,在频率一定的情况下,透射谱呈现周期振荡上升的趋势。而以矩形晶格排列时,则此现象不明显。

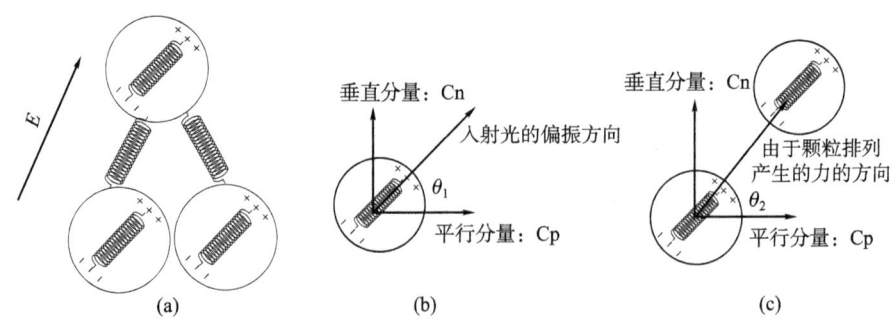

图 2-4　纳米颗粒之间相互作用示意图

对于纳米颗粒以三角晶格排列的样品来讲,缝隙面积之和与样品面积之比在 0.09 到 0.52 之间变化,而图 2-2(a)、(b)和(c)中透射率最大值接近于1,可以看出 LSP 对透射增强效果起着主要作用,而缝隙的通光率对透射增强效果则起到了辅助作用;对于纳米颗粒以矩形晶格排列的样品来说,缝隙面积之和与样品面积之比在 0.21 到 0.63 之间变化。在间距相同时,纳米颗粒以矩形晶格方式排列时,缝隙面积之和与样品面积之和相比要大于以三角形晶格排列的情况。对于图 2-2(d)来说,此时的 LSP 对透射增强效果起到的作用较以三角晶格排列中的 LSP 的效果差。

为了进一步对纳米颗粒层进行研究,将多个纳米颗粒层垂直放置在一起,考察对透射光的调控效果。选择 5 个不同层数均以三角形晶格排列的样品进行分析。这 5 个样品分别由一层、二层、三层、四层和五层相同的纳米颗粒层组成。相邻两条纳米颗粒链的间距不宜过大或过小。过大或过小会引起不同波长的透射率改变量较小,不便观察现象,所以选择 28 nm 为相邻两条纳米颗粒链间距。所得的透射谱如图 2-5 所示。

从图 2-5 中可以看出,当层数增加时,透射峰发生分裂。对于单层金纳米颗粒来说,透射峰的移动主要是由于入射光的偏振与粒子之间的间距共同作用的结果。两个金纳米颗粒的 LSP 在入射光的偏振态作用下,由于表面电荷的作用,两个金纳米颗粒产生了排斥力。当再有一个金纳米颗粒靠近时,在偏振方向产生的排斥力作用在两个粒子上。如果偏振方向平行于粒子对的长轴方向,由 SPPs 产生的排斥力被减弱。该偶极子两端的电荷等量且电性相反。由于两粒子之间的引力作

|第 2 章| 金属纳米颗粒排列方式和光的偏振态对透射光的影响

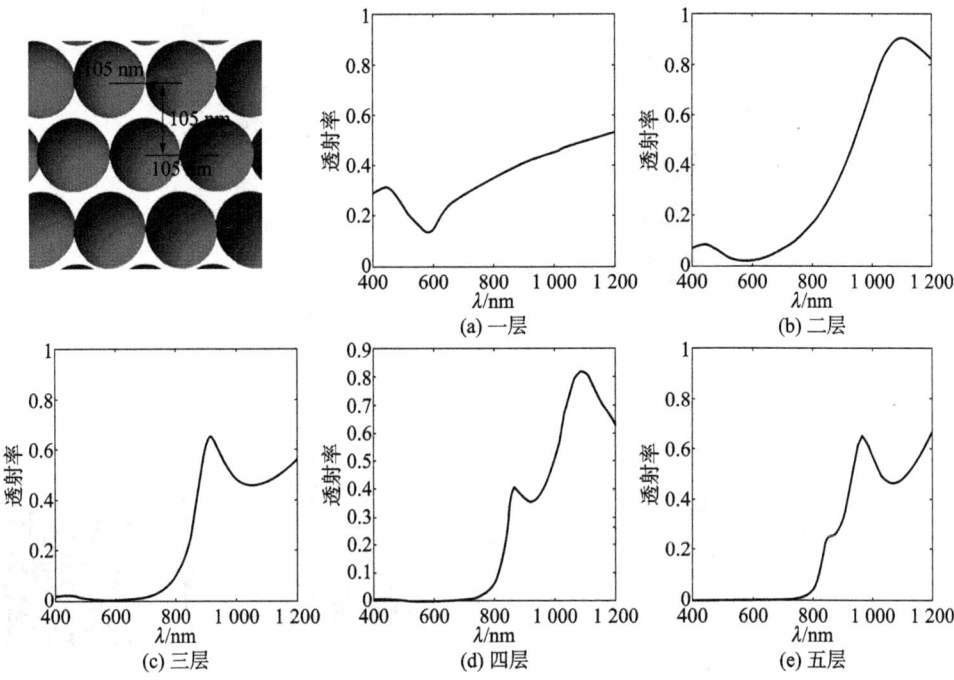

图 2-5 以三角形晶格排列的多层金纳米颗粒结构

用,每一个粒子的排斥力减弱,从而引起了低频的共振。相反,如果偏振方向垂直于粒子对的长轴方向,则引起较高频率的共振[22]。也就是说引起透射峰的红移或蓝移。如果再引入多个金纳米颗粒,多个金纳米颗粒排列方式与一定偏振方向的入射光共同作用,会引起透射峰的分裂。考察 TM 模式入射光的透射谱,由于在 Z 轴方向上电场存在振动分量,所以才会产生以上现象。沿 z 轴方向上排列多个纳米颗粒,多个颗粒沿电场振动方向排列会引起透射峰的红移。在一层金纳米颗粒再加上一层金纳米颗粒,在 z 轴方向上多引入一个,引起透射峰的红移。当再加入一层金纳米颗粒时,z 轴方向上又多了一个颗粒,此颗粒引发了对原系统的峰值的红移,但是原系统的共振方式不变,所以会有峰值保留。当再有金纳米颗粒层加入时,重复上面的过程,可以看到峰值发生分裂的效果。由于金纳米颗粒的 LSP 最高的激发效率主要集中在 500～600 nm 这一区域,所以对于 5 个透射谱来说,在此区域的透射率最小。

从以上的透射谱中可以看出,入射光经过系统后仍在某些频率区间上有较高的透射率。这种现象不仅可以从入射光的偏振态与金纳米颗粒相互作用的角度来解释,也可以从能量转移的角度来解释。一到五层金纳米颗粒结构示意图如图 2-6 所示。

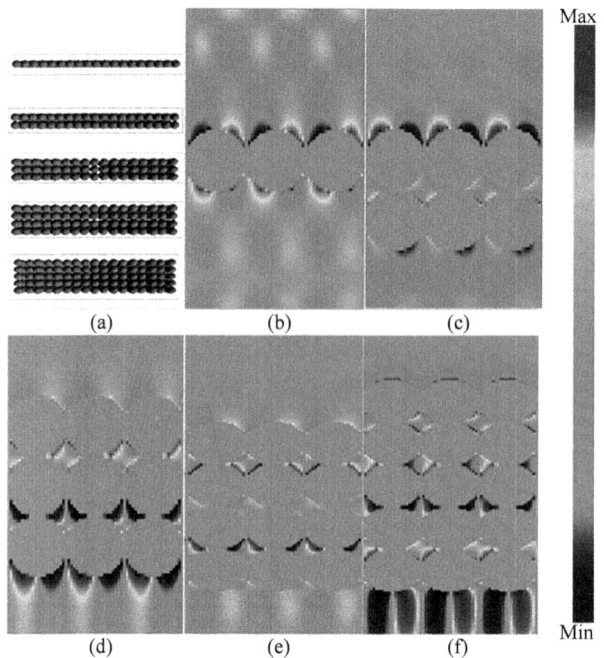

图 2-6 一到五层金纳米颗粒结构示意图

从图 2-6 上可以直观地看出 5 种结构的电场分布。当样品为一层金纳米颗粒时,如图 2-6(b)所示,可以看到,当光照在样品表面上,由于 TM 模型中,沿 x 轴有电场分量,所以在单个金纳米颗粒的入射端激发了 LSP,使金纳米颗粒两端电量相等电性相反。相邻两个金纳米颗粒的接壤处由于相同的电场作用,同样在金纳米颗粒表面产生了电量相等电性相反的电荷。在出射端,可以看到对于单个金纳米颗粒来讲,出射端的不同半球上仍是电性相反,同时,出射端的电性与入射端的电性也相反。由此可见,出射端的 LSP 是由感应产生的,并且最终转化为辐射场。下面以二层为例说明多层结构的样品电场是怎样传输的。当光经过一层金纳米颗粒样品后,感应引起表面电荷重分布,从而激发 LSP 继续感应下一层颗粒,使得下一层颗粒的入射面也感应产生 LSP,再经过感应在出射端产生 LSP,最终形成辐射光释放出来。对于其他层结构,也只是将二层结构中的 LSP 传播过程进行重复。

与此同时,为了考察金属纳米颗粒是否都具有相同的性质,在仿真中改换了金属。将原来的金纳米颗粒换成了银纳米颗粒,并按照上面多层的情况设计参数,得到了透射曲线,如图 2-7 所示。

从图 2-7 中可以看出,每一层对应的透射曲线都与图 2-6 中的趋势相同,但是

|第 2 章| 金属纳米颗粒排列方式和光的偏振态对透射光的影响

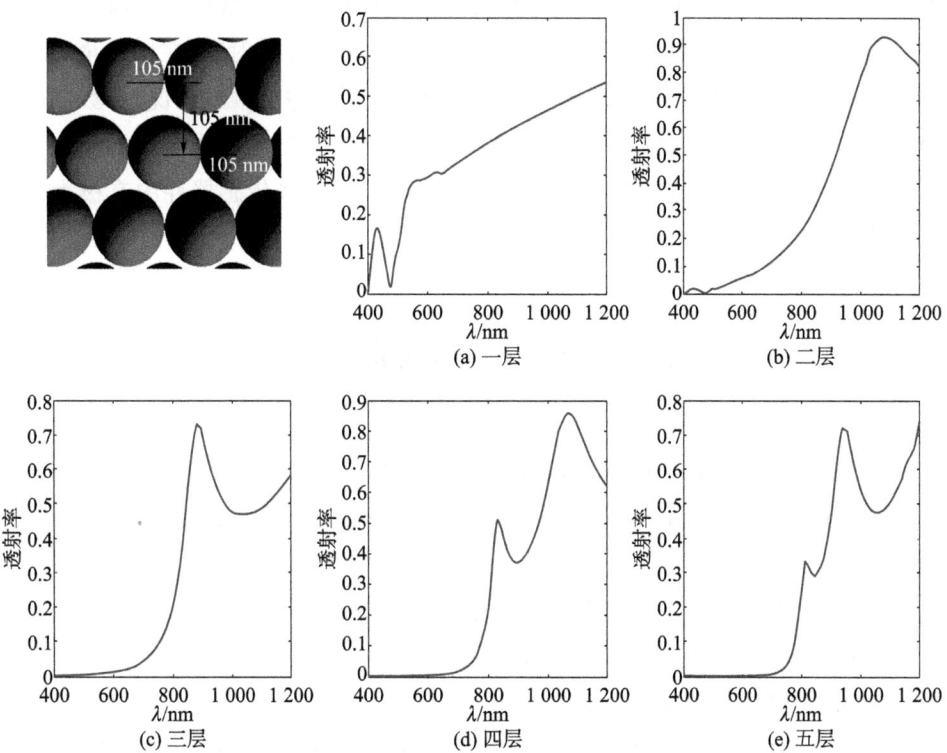

图 2-7 以三角形晶格排列的多层银纳米颗粒结构

也有一定的差别。首先,直径为 105 nm 的金纳米颗粒 LSP 共振最大区域在 500 nm 到 600 nm 之间,而同样大小的银纳米颗粒 LSP 共振最大区域在 400 nm 到 500 nm 之间。因此,在图 2-7(a)中,400 nm 到 500 nm 之间有一个谷值。由于银在各个频率上的吸收值比金小,所以图 2-7 透射谱中透射峰值会比图 2-6 透射谱中透射峰值大。由于金属性质不同,图 2-6 和图 2-7 中透射峰的位置也不同。

本章小结

本章主要讨论了金属纳米颗粒层对透射光的调控作用。研究结果表明:单一的金属纳米颗粒层具有超强透射的特性。当改变相邻两排纳米颗粒链的间距、排列方式以及入射光的偏振角度时,透射谱会出现极大的改变。由于金属纳米颗粒的 LSP 耦合作用,即使在金属纳米颗粒紧密排列时,特定波长区域透射率仍能达到 0.7 左右;在金纳米颗粒的 LSP 激发效率最高的波长区域内,透射率达到最小;

在波长一定的情况下,透射率随相邻两层纳米颗粒链的间距增长呈现周期性振荡上升趋势,尤其是在入射光偏振态与 X 轴夹角为 45°垂直照射时,在以三角形晶格方式排列的样品的情况下,此现象更明显。对于多层金纳米颗粒情况,层数的改变引起透射峰发生分裂。同时对比多层银纳米颗粒情况,也有同样效应的产生。从所有的透射谱可以看出,此类结构在将来的光滤波器以及传感器件中有极大的潜在应用[24,25]。

本章参考文献

[1] EBBESEN T W, LEZEC H J, GHAEMI H, et al. Extraordinary optical transmission through sub-wavelength hole arrays [J]. Nature 1998, 391(6681):667-669.

[2] BAI B F, LI L F, ZENG L J. Experimental verification of enhanced transmission through two-dimensionally corrugated metallic films without holes [J]. Optics Letter 2005, 30 (18):2360-2362.

[3] HARAGUCHI M, OKAMOTO T, INOUE T, et al. Linear and Nonlinear Optical Phenomena of Metallic Nanoparticles [J]. IEEE Journal of Selected Topics in Quantum Electronics, 2008, 14(6):1540-1551.

[4] HENDRY E, GARCIA-VIDAL F J, MARTIN-MORENO L, et al. Optical Control over Surface-Plasmon-Polarization-Assisted THz Transmission through a Slit Aperture [J]. Phys. Rev. Lett. 2008, 100(12):123901.

[5] VAN DER MOLEN K L, KOERKAMP K J, ENOCH S, et al. Role of shape and localized resonances in extraordinary transmission through periodic arrays of subwavelength holes:Experiment and theory [J]. Phys. Rev. B 2005, 72(4):045421.

[6] TAMMY K L, ALAN D B, HÜBNER J, et al. Linear and nonlinear optical properties of Au-polymer metallodielectric Bragg stacks [J]. J. Opt. Soc. Am. B 2006, 23(10):2142-2147.

[7] PORTO J A, GARCIA-VIDAL F J, PENDRY J B. Transmission Resonances on Metallic Gratings with Very Narrow Slits [J]. Phys. Rev. Lett. 1999, 83(14):2844-2848.

[8] MIYAMARU F,HANGYO M.Strong enhancement of terahertz transmission for a three-layer heterostructure of metal hole arrays [J].Phys.Rev.B 2005,72(3):035429.

[9] KLEIN-KOERKAMP K J, ENOCH S, SEGERINK F B, et al. Strong Influence of Hole Shape on Extraordinary Transmission through Periodic Arrays of Subwavelength Holes [J].Phys.Rev.Lett.2004,92(18):183901.

[10] KUME T, HAYASHI S, YAMAMOTO K.Light emission from surface plasmon polarizations mediated by metallic fine particles [J].Phys.Rev.B 1997,55(4774):0162-1829.

[11] SONDERGAARD T, BOZHEVOLNYI S I.Surface plasmon polarization scattering by a small particle placed near a metal surface:An analytical study [J].Phys.Rev.B,2004,69(4):0454221.

[12] STUART H R, HALL D G.Enhanced Dipole-Dipole Interaction between Elementary Radiators Near a Surface [J].Phys.Rev.Lett.1998,80(25):5632-5636.

[13] EVLYUKHIN A B.Point-dipole approximation for surface plasmon polarization scattering:Implications and limitations [J],Phys.Rev.B 2005,71(13):134304.

[14] HOHENAU A,KRENN J R.Spectroscopy and nonlinear microscopy of Au nanoparticle arrays:Experiment and theory [J].Phys.Rev.B 2006,73(15):155404.

[15] PARSONS J,HENDRY E,SAMBLES J R,et al.Localized surface-plasmon resonances and negative refractive index in nanostructured electromagnetic metamaterials [J].Phys.Rev.B 2009,80(24):245117.

[16] DITLBACHER H, KRENN J R, LAMPRECHT B, et al.Spectrally coded optical data storage by metal nanoparticles [J].Optics Letter 2000,25(8):562-565.

[17] LAMPRECHT B,SCHIDER G,LECHNER R T,et al.Metal Nanoparticle Gratings:Influence of Dipolar Particle Interaction on the Plasmon Resonance [J].Phys.Rev.Lett.2000,84(20):4721.

[18] MAIER S A,BRONGERSMA M L,KIK P G,et al.Plasmonics Route to Nanoscale Optical Devices [J].Adv.Mater.2001,13(2):1501.

[19] TAMARU H, KUWATA H, MIYAZAKI H T, et al. Resonant light scattering from individual Ag nanoparticles and particle pairs [J]. Appl. Phys.Lett.2002,80 (12):1826.

[20] ZHAO Y,WANG J S,MAO G J.Colloidal subwavelength nanostructures for antireflection optical coatings [J].Optics Letter 2005,30(14):1884-1887.

[21] BRONGERSMA M L,PIETER G K.Surface Plasmon Nanophotonics [M] U.S.:Springer,2007.

[22] RECHBERGER W, HOHENAU A, LEITHNER A, et al. Optical properties of two interacting gold nanoparticles [J].Optics Communications 2003,220(1-3):137-141.

[23] PALIK E D.Handbook of Optical Constants in Solids [M] USA:Academic,1991.

[24] BOZHEVOLNYI S I, VOLKOV V S, DEVAUX E, et al. Channel plasmon subwavelength waveguide components including interferometers and ring resonators [J].Nature 2006,440(7083):508-511.

[25] EVLYUKHIN A B,BOZHEVOLNYI S I,STEPANOV A L,et al.Splitting of a surface plasmon polariton beam by chains of nanoparticles [J]. Appl. Phys.B:Lasers and optics 2006,84(1-2):29-34.

第 3 章
基于 Kretschmann 结构的光学双稳态研究及应用

3.1 引 言

　　随着社会的急速发展,人们对通信的要求越来越高。由于现今的微电子器件受到带宽与传输速率的限制,近年来全光集成光学器件发展迅速。微米尺度与纳米尺度的全光器件在实现下一代高速通信和信号处理系统中有较为理想的应用前景。光开关是全光网络中全光器件的重要组成部分之一。基于光学双稳态的全光开关是非线性光学研究的重要课题之一[1]。在光存储[2]、光晶体管[3]和全光开关[4]中,光学双稳态有着极为广泛的潜在应用。正是因为有了以上的潜在应用,光学双稳态开始吸引众多科学家通过开展一系列实现光学双稳态器件的研究,并逐渐缩小器件到微米尺度与纳米尺度,以实现集成电路。光学双稳态在理论与实验中均给出了验证,其结构也多种多样,如:波导环形共振腔[5,6]、光子晶体槽结构[7-9]、等离子晶体[10]、亚波长金属光栅结构[11]、金属带状波导型纳米槽结构[12,13]和非晶硅填充槽纳米天线[14]。通过对纳米尺度光学双稳态的物理机制的深刻了解,为设计与实现高品质的纳米光开关器件提供必要条件。

　　在经典的光学共振系统中,光学双稳态的物理机理已经很好地建立起来并且可以用简单的模型来描述,如:Fabry-Perot 标准具模型[1]。这是由于受到衍射极限的限制,经典光学中的双稳态器件很难将尺度做到纳米量级。然而,SPPs 却能够突破衍射极限将器件小型化。Kretschmann 结构在众多的 SPPs 激发方式中激发效率最高且易于给出解析解,因此本章节中引用 Kretschmann 结构与非线性介质结合实现基于 SPPs 的光学双稳态,改变金属薄膜的厚度和入射光的频率,探索光学双稳态的形成条件。进而将 Kretschmann 结构进行进两次扩展,在理论上给出详尽的解析过程。同时利用仿真的手段来对已经有的解析结果进行验证,从而验证解析结果的正确性与可靠性。此外,根据扩展结构输出的特点,探索基于 SPPs 光学双稳态器件新的应用领域,使光学双稳态器件得以广泛的应用。

3.2 基于 Kretschmann 结构的光学双稳态

3.2.1 基本模型

在本节中,从 Kretschmann 结构出发,探索 Kretschmann 结构中形成光学双稳态的重要条件。并且,对结构的所有参数进行讨论,研究形成光学双稳态的最佳条件,为下面进行结构变化做准备。

Kretschmann 结构如图 3-1 所示。该结构由以下 3 部分组成:

(1) 大折射率的线性介质(棱镜)。该线性介质的折射率要大于下面的非线性介质的折射率。该线性介质主要用于实现在非线性介质与金属的交界面处的电磁场为倏逝场,为入射光提供了沿线性介质与金属表面较大的波矢分量,从而达到激发 SPPs 的条件,也称波矢匹配。

(2) 金属薄膜。该金属薄膜主要是将入射的辐射场转化为倏逝场。

(3) 三阶非线性介质(Kerr 介质)。三阶非线性介质是光学双稳态中不可缺少的组成部分。主要是用来产生反馈效应。由于反馈效应的存在,使得同一种输入产生不同种输出。

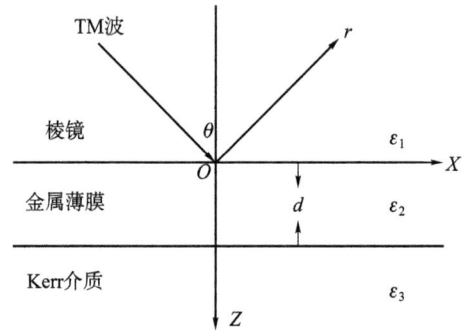

图 3-1 Kretschmann 结构示意图

| 第 3 章 | 基于 Kretschmann 结构的光学双稳态研究及应用

每一部分在光学双稳态中都起着不可或缺的作用,也正是由这简单的结构,构成了产生基于 SPPs 光学双稳态最经典的结构。

一束 TM 偏振(也称 P 偏振)的入射光经过棱镜照射在金属薄膜上,入射角为 θ。此时反射光束 r 在金属表面上发生镜面反射现象。棱镜的介电常数为 ε_1。由于银的吸收效应相比其他金属来说比较低,所以通常选择银作为金属薄膜的材料,它的介电常数为 ε_2,厚度为 d。Kerr 介质的介电常数 ε_3 可以写成:

$$\varepsilon_3 = \varepsilon_3^l + \alpha |E_3|^2 \tag{3-1}$$

式中,ε_3^l 为 Kerr 介质的线性部分,α 为 Kerr 介质的非线性系数,与光学 Kerr 系数 n_2 的关系为 $\alpha = \varepsilon_3^l \varepsilon_0 c^2 n_2$,$E_3$ 是在银薄膜与 Kerr 介质交界面上的电场。假设,所有的介质均为非磁性介质,在 Kerr 介质中的波依旧可以按照平面波来处理。于是则有 $|E_3|^2 = 1/(\varepsilon_3 \varepsilon_0 c^2)|H_3|^2$,$H_3$ 是与 E_3 对应的磁场。因此 ε_3 可以改写成 $\varepsilon_3 = \varepsilon_3^l + \alpha'|H_3|^2$。其中,$\alpha' = n_2/(\varepsilon_0 c)$。

当 SPPs 在 $Z = d$ 处激发时,需要满足 $\varepsilon_1 \sin^2 \theta - \varepsilon_3 > 0$ 的条件以确保在非线性介质中磁场为倏逝场。Kerr 介质中以磁场为变量的波方程可以由式(3-2)表示出来[15,16]:

$$\frac{d^2 H_3}{dz^2} + k_0^2 (\varepsilon_3^l - \varepsilon_1 \sin^2 \theta + \alpha'|H_3|^2) H_3 = 0 \tag{3-2}$$

式中,$k_0 = \omega/c$ 为真空中入射光的波矢。

在非线性介质里的 H_3 可以求得[5,16]:

$$H_3 = \left(\frac{2}{\alpha'}\right)^{1/2} \frac{g}{\cos h[g k_0 (z-d) + \kappa]} \exp i(c + k_x x - \omega t) \tag{3-3}$$

式中,$z \geq d$,$g^2 = \varepsilon_1 \sin^2 \theta - \varepsilon_3^l$,$\kappa = \cos h^{-1} \left[\left(\frac{2}{\alpha'}\right)^{1/2} \frac{g}{|H_{3d}|}\right]$,$|H_{3d}|$ 为在 $z = d$ 处金属与 Kerr 介质的交界面的磁场。c 为常数。$k_x = k_0 \sqrt{\varepsilon_1} \sin \theta$ 是沿着金属与 Kerr 介质的交界面的波矢分量。在此,引入光学无量纲光强。光学无量纲光强通常被用在含有非线性介质的系统中,以减少运算的复杂程度。所以,一旦 H_3 给定,与之对应的输入光的光学无量纲强度 U_i、透射光的光学无量纲强度 U_t 和反射光的光学无量纲强度 U_r 也就给定[16,17]。在本节中光学无量纲强度的形式如下:

$$U_i \equiv \frac{\alpha'}{8g^2}|H_i|^2, \quad U_r \equiv \frac{\alpha'}{8g^2}|H_r|^2, \quad U_t \equiv \frac{\alpha'}{8g^2}|H_3|^2 \tag{3-4}$$

根据菲涅尔公式以及式(3-3)与式(3-4)可以得到入射光与反射光的光学无量纲光强[17]:

$$U_i = \frac{U_t}{4}\left|\frac{\cos k_{2y}d}{1+U_t}\left[(1-\mathrm{i}\beta_{12}\tan k_{2y}d)+\mathrm{i}\beta_{13}\frac{1-U_t}{1+U_t}(1-\mathrm{i}\beta_{21}\tan k_{2y}d)\right]\right|^2 \quad (3\text{-}5)$$

$$U_r = \frac{U_t}{4}\left|\frac{\cos k_{2y}d}{1+U_t}\left[(1+\mathrm{i}\beta_{12}\tan k_{2y}d)-\mathrm{i}\beta_{13}\frac{1-U_t}{1+U_t}(1+\mathrm{i}\beta_{21}\tan k_{2y}d)\right]\right|^2 \quad (3\text{-}6)$$

式中，参数 β_{ij} 定义如下：

$$\beta_{ij} = \frac{\varepsilon_i k_{jy}}{\varepsilon_j k_{iy}} \quad (3\text{-}7)$$

式中，k_{iy} 是在介质中沿表面传播的分量：

$$k_{iy}^2 = \frac{\omega^2}{c^2}(\varepsilon_i - \varepsilon_1 \sin^2\theta), \quad i=1,2, k_{3y}=k_0 g \quad (3\text{-}8)$$

因此，由式(3-5)与式(3-6)式可以得到反射率：

$$R = U_r / U_i \quad (3\text{-}9)$$

由图 3-1 可知，这 3 种介质中，只有金属薄膜需要确定厚度。此厚度是否有特定的值，下面将予以讨论。

都知道当一束光入射到金属表面时，会向金属中渗透进去一部分电磁场，此时渗透的深度被称为趋肤深度[18]：

$$\delta = \sqrt{\frac{2}{\sigma_0 \omega \mu_0}} \quad (3\text{-}10)$$

式中，σ_0 为金属直流电导率，μ_0 为真空中的磁导率。此时可以看出，趋肤深度与入射光的频率成反比，也就是说与入射光的波长成正比。趋肤深度是用来描述入射光渗透到金属中的电磁场的厚度，那么如果金属薄膜的厚度选择用趋肤深度或者是比趋肤深度更小的厚度时，在非线性介质中的电场则是由两部分倏逝场组成：

(1) 不可传播的倏逝场。此部分倏逝场是由入射光直接引入的，对于 SPPs 的激发没有帮助，同时也增加了计算的复杂度，不便于对此时的双稳态进行分析；

(2) 可以沿金属与非线性介质交界面传播的倏逝场，也称为 SPPs。此部分倏逝场是由金属与线性介质表面处的入射场波矢与待激发的 SPPs 波矢匹配成功，引起了沿金属与非线性介质交界面传播的倏逝场。

此两部分场都会对非线性介质的介电常数产生影响。为了简化问题，选择金属薄膜的厚度大于趋肤深度。此时只有 SPPs 影响非线性介质的介电常数。

对于 Kretschmann 结构来说，不是任意的金属薄膜厚度都能引起最有效的 SPPs 激发状态。那么对于线性的 Kretschmann 结构中，频率固定时，金属对光的吸收是固定的。如果找出此频率下系统吸收的最大值，就可以确定此时的厚度就

|第3章| 基于Kretschmann结构的光学双稳态研究及应用

是将入射光最大限度地转换成SPPs的厚度。因此可以通过计算吸收来确定此厚度。

金属的介电常数始终可以看成 $\varepsilon_2=\varepsilon_r+i\varepsilon_i$，原来的非线性介质的介电常数 ε_3 可以换成是 ε_l。于是对于线性系统的Kretschmann结构来说，此时的反射率可以写成[19]：

$$R_l = 1 - \frac{4k_\perp^{m'}\Delta k_\perp^{m'}}{(k_\perp - k_\perp^m - \Delta k_\perp^m)^2 + (k_\perp^{m'} + \Delta k_\perp^{m'})^2} \tag{3-11}$$

式中，$k_\perp = (\omega/c)\sqrt{\varepsilon_2}\sin\theta$。那么，对于式(3-11)中其他的分量，可以由以下表达式得出：

$$k_\perp^m = \left(\frac{\omega}{c}\right)\left(\frac{|\varepsilon_r|}{|\varepsilon_r|-\varepsilon_l}\right)^{1/2} \tag{3-12}$$

$$k_\perp^{m'} = \left(\frac{\omega\varepsilon_i}{2c\varepsilon_r^2}\right)\left(\frac{|\varepsilon_r|}{|\varepsilon_r|-\varepsilon_l}\right)^{3/2} \tag{3-13}$$

$$\Delta k_\perp^m = \text{Re}(r_{21})\left(\frac{\omega}{c}\right)\left(\frac{2}{|\varepsilon_r|+\varepsilon_l}\right)\left(\frac{|\varepsilon_r|}{|\varepsilon_r|-\varepsilon_l}\right)^{3/2}\exp\left(-\frac{4\pi d|\varepsilon_r|}{\lambda\sqrt{|\varepsilon_r|-\varepsilon_l}}\right) \tag{3-14}$$

$$\Delta k_\perp^m = \text{Im}(r_{21})\left(\frac{\omega}{c}\right)\left(\frac{2}{|\varepsilon_r|+\varepsilon_l}\right)\left(\frac{|\varepsilon_r|}{|\varepsilon_r|-\varepsilon_l}\right)^{3/2}\exp\left(-\frac{4\pi d|\varepsilon_r|}{\lambda\sqrt{|\varepsilon_r|-\varepsilon_l}}\right) \tag{3-15}$$

式中，λ 为入射波长，$\text{Re}(r_{21}) = \frac{\varepsilon_2^2 - a^2}{\varepsilon_2^2 + a^2}$，$\text{Im}(r_{21}) = \frac{2\varepsilon_2 a}{\varepsilon_2^2 + a^2}$ 和 $a^2 = |\varepsilon_r|(\varepsilon_2 - 1) - \varepsilon_2$。此时，令反射率 R_l 为0，则吸收 $A=1-R_l$ 达到最大。那么此时的厚度称为最佳厚度[19]：

$$\left(\frac{d}{\lambda}\right)_{\text{optl}} = \frac{\sqrt{|\varepsilon_r|-\varepsilon_l}}{4\pi|\varepsilon_r|}\ln\left(\frac{4\varepsilon_r^2\text{Im}r_{21}}{\varepsilon_i(|\varepsilon_r|+\varepsilon_l)}\right) \tag{3-16}$$

如果将线性介质介电常数 ε_l 改换成原来的非线性介质介电常数 ε_3，则对于非线性系统Kretschmann结构来讲，应该将非线性介质的介电常数取有效值 $\varepsilon_{3e} = \varepsilon_3^l + 1/2\alpha'|H_3|^2$，此时的金属薄膜的最佳厚度应为[5]

$$\left(\frac{d}{\lambda}\right)_{\text{opt}} = \frac{\sqrt{|\varepsilon_r|-\varepsilon_{3e}}}{4\pi|\varepsilon_r|}\ln\frac{4\varepsilon_r^2\text{Im}[r_{12}(\theta_{\text{SPP}})]}{\varepsilon_i(|\varepsilon_r|+\varepsilon_{3e})} \tag{3-17}$$

式中，θ_{SPP} 是引起SPPs共振达到最大时的入射角度[5,18]：

$$\theta_{\text{SPP}} = \sin^{-1}[\text{Re}(\varepsilon_2\varepsilon_{3e}/\varepsilon_2+\varepsilon_{3e})^{1/2}\varepsilon_1^{-1/2}] \tag{3-18}$$

同时，将入射的无量纲光强转化成为实际的光强[5]：

$$I_0 = \frac{4(\varepsilon_1 \sin^2\theta - \varepsilon_3^l)u_1}{\sqrt{\varepsilon_1}n_2} \tag{3-19}$$

由此可以看出,基本的参数都已经确定了。下面将通过以上表达式代入参数,绘出光学双稳态曲线,并根据上述表达式来讨论双稳态的形成条件以及影响光学双稳态的参量。

选择金属银的吸收最低的波长 1 060 nm 来讨论光学双稳态的形成原理。此时,对应的银的介电常数为 $\varepsilon_2 = 57.8 + 0.6i$。同时,选择棱镜的介电常数为 $\varepsilon_1 = 3.6$,Kerr 介质的介电常数的线性部分为 $\varepsilon_3^l = 2.25$,非线性系数为 $n_2 = 2 \times 10^{-18} \text{ m}^2/\text{W}$。输入光的入射角度定为 $\theta = 53.9°$。此时的 θ_{SPP} 为 53.75°。同时,激发 SPPs 的最佳厚度也能够通过式(3-17)计算出来。在入射光强为 0 时,最佳厚度 d_{opt} 为 61.4 nm。以上参数均以介绍完成,下面将通过式(3-9)来计算出反射率。

基于 Kretschmann 结构的 SPPs 光学双稳态如图 3-2 所示。从图中可以看出,当入射光强从 0 增大到 I_{0h} 时,反射率从 0.95 左右减小到 0.9 左右;当入射光强继续增大时,在 I_{0h} 处反射率陡然减小到 0.6 左右,但是随后立即从 0.6 逐渐增加到 0.82 左右。当入射光强从图 3-2 中的最大值减小到 I_{0l} 时,反射率从 0.82 左右一直减小到 0;当入射光强继续减小到 0 时,在 I_{0l} 处反射率陡然增加到 0.9 左右,随后反射率缓慢增加到 0.95 左右。

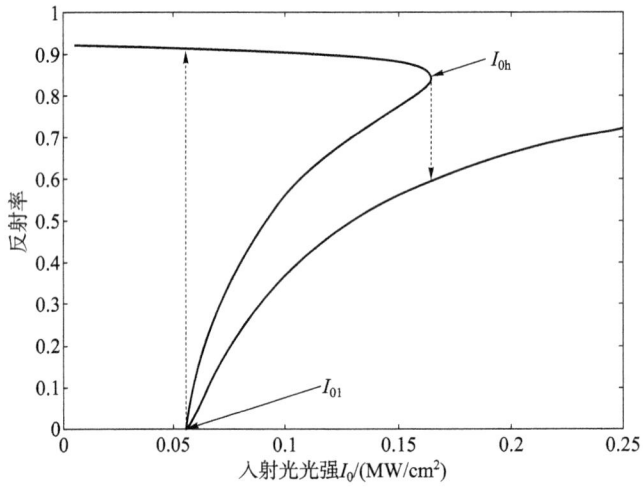

图 3-2 光学双稳态曲线,图中 I_{0h} 与 I_{0l} 分别表示高转换强度与低转换强度

为了说明以上现象的产生,将分别从理论公式与物理过程两个方向进行阐述。从图 3-2 中可以得知,该曲线有两个极值点。为此,将 U_i 对 U_r 求一阶导数:

第 3 章 基于 Kretschmann 结构的光学双稳态研究及应用

$$\frac{dU_i}{dU_r} = \frac{\left|1-i\frac{\varepsilon_1 k_{2z}}{\varepsilon_2 k_0 \cos\theta}\tan k_{2z}d\right|^2 (1+U_t)^2 + \left|\frac{\varepsilon_1 k_0 g}{\varepsilon_3^l k_0 \cos\theta}\left(1-i\frac{\varepsilon_1 k_{2z}}{\varepsilon_2 k_0 \cos\theta}\tan k_{2z}d\right)\right|^2 (1-3U_t-2U_t^2)}{\left|1+i\frac{\varepsilon_1 k_{2z}}{\varepsilon_2 k_0 \cos\theta}\tan k_{2z}d\right|^2 (1+U_t)^2 + \left|\frac{\varepsilon_1 k_0 g}{\varepsilon_3^l k_0 \cos\theta}\left(1+i\frac{\varepsilon_1 k_{2z}}{\varepsilon_2 k_0 \cos\theta}\tan k_{2z}d\right)\right|^2 (1-3U_t-2U_t^2)} \qquad (3\text{-}20)$$

由式(3-20)可以求出极值点,即 $dU_i/dU_r = 0$,则有

$$\left(\left|1-i\frac{\varepsilon_1 k_{2z}}{\varepsilon_2 k_0 \cos\theta}\tan k_{2z}d\right|^2 - 2\left|\frac{\varepsilon_1 k_0 g}{\varepsilon_3^l k_0 \cos\theta}\left(1-i\frac{\varepsilon_2 k_0 \cos\theta}{\varepsilon_1 k_{2z}}\tan k_{2z}d\right)\right|^2\right)U_t^2 +$$

$$\left(2\left|1-i\frac{\varepsilon_1 k_{2z}}{\varepsilon_2 k_0 \cos\theta}\tan k_{2z}d\right|^2 - 3\left|\frac{\varepsilon_1 k_0 g}{\varepsilon_3^l k_0 \cos\theta}\left(1-i\frac{\varepsilon_2 k_0 \cos\theta}{\varepsilon_1 k_{2z}}\tan k_{2z}d\right)\right|^2\right)U_t +$$

$$\left(\left|1-i\frac{\varepsilon_1 k_{2z}}{\varepsilon_2 k_0 \cos\theta}\tan k_{2z}d\right|^2 + \left|\frac{\varepsilon_1 k_0 g}{\varepsilon_3^l k_0 \cos\theta}\left(1-i\frac{\varepsilon_2 k_0 \cos\theta}{\varepsilon_1 k_{2z}}\tan k_{2z}d\right)\right|^2\right) = 0$$

$$(3\text{-}21)$$

式(3-21)的判别式为

$$\Delta = 17\left|\frac{\varepsilon_1 k_0 g}{\varepsilon_3^l k_0 \cos\theta}\left(1-i\frac{\varepsilon_2 k_0 \cos\theta}{\varepsilon_1 k_{2z}}\tan k_{2z}d\right)\right|^4 -$$

$$8\left|1-i\frac{\varepsilon_1 k_{2z}}{\varepsilon_2 k_0 \cos\theta}\tan k_{2z}d\right|^2 \left|\frac{\varepsilon_1 k_0 g}{\varepsilon_3^l k_0 \cos\theta}\left(1-i\frac{\varepsilon_2 k_0 \cos\theta}{\varepsilon_1 k_{2z}}\tan k_{2z}d\right)\right|^2 \qquad (3\text{-}22)$$

若 $\Delta > 0$,则式(3-20)有两个极值点;若 $\Delta = 0$,则式(3-20)有一个极值点;$\Delta < 0$ 则式(3-20)没有极值点。因为光学双稳态要求有两个极值点存在,则有 $\Delta > 0$。取 $\Delta > 0$ 时的情况,并化简式(3-22)可以得到如下关系:

$$a\left|\left(1-i\frac{\varepsilon_2 k_0 \cos\theta}{\varepsilon_1 k_{2z}}\tan k_{2z}d\right)\right|^2 > \left|1-i\frac{\varepsilon_1 k_{2z}}{\varepsilon_2 k_0 \cos\theta}\tan k_{2z}d\right|^2 \qquad (3\text{-}23)$$

式中,$a = \frac{17}{8}\left|\frac{\varepsilon_1 k_0 g}{\varepsilon_3^l k_0 \cos\theta}\right|^2 \sim 0.04$。考虑到入射角的值接近 θ_{SPP},进一步化简式(3-23)可得:

$$\left|\frac{\varepsilon_2 \sqrt{1-\text{Re}[\varepsilon_2\varepsilon_{3e}/(\varepsilon_2+\varepsilon_{3e})]\varepsilon_1^{-1}}}{\varepsilon_1 \sqrt{\varepsilon_2 - \text{Re}(\varepsilon_2\varepsilon_{3e}/\varepsilon_2+\varepsilon_{3e})}}\right| \gg \sqrt{5} \qquad (3\text{-}24)$$

从式(3-24)可以看出,形成基于 Kretschmann 结构的 SPPs 光学双稳态的条件主要依赖组成非线性 Kretschmann 系统的 3 种材料的介电常数。

与此同时,还可以求得双稳态中的两个转换强度的无量纲光强:

$$U_{h,l} = \frac{3\left|\frac{\varepsilon_1 k_0 g}{\varepsilon_3^l k_0 \cos\theta}\left(1-\mathrm{i}\frac{\varepsilon_2 k_0 \cos\theta}{\varepsilon_1 k_{2z}}\tan k_{2z}d\right)\right|^2 - 2\left|1-\mathrm{i}\frac{\varepsilon_1 k_{2z}}{\varepsilon_2 k_0 \cos\theta}\tan k_{2z}d\right| \pm \sqrt{\Delta}}{2\left(\left|1-\mathrm{i}\frac{\varepsilon_1 k_{2z}}{\varepsilon_2 k_0 \cos\theta}\tan k_{2z}d\right|^2 - 2\left|\frac{\varepsilon_1 k_0 g}{\varepsilon_3^l k_0 \cos\theta}\left(1-\mathrm{i}\frac{\varepsilon_2 k_0 \cos\theta}{\varepsilon_1 k_{2z}}\tan k_{2z}d\right)\right|^2\right)}$$

(3-25)

这两个无量纲光强代入式(3-19)转化为实际的转换强度 $I_{0h,l}$,由于实际光强得到过程比较简单在此不予以给出。由以上的公式可以得出基于 Kretschmann 结构的 SPPs 光学双稳态形成的原因。

从整个光学双稳态形成的过程中,也可以通过了解光学双稳态的物理过程来分析光学双稳态形成的原因。图 3-3 所示为在入射光的波长固定在 1 060 nm 时,SPPs 共振角 θ_{SPP} 随入射光强变化的关系曲线。通过观察图 3-3,可以得出以下结论:

(1) 从整个图形上看,入射光强从 0 增大到了 0.25 MW/cm^2,但是 SPPs 共振角 θ_{SPP} 仅变化了 0.35°左右,变化范围很小。这说明入射光强的变化对 θ_{SPP} 的影响并不大。

(2) 当入射光强在 0 到 0.25 MW/cm^2 这个范围内,SPPs 共振角 θ_{SPP} 随入射光强 I_0 的变化也呈现了双稳现象。

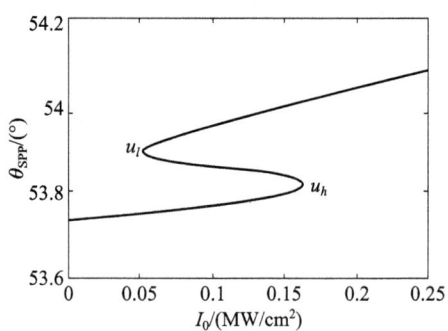

图 3-3　入射光波长为 1.06 μm 时,θ_{SPP} 随输入光强的变化曲线

与图 3-2 的曲线趋势类似,图 3-3 中的双稳曲线也给出了 Kretschmann 结构中双稳态现象形成的机理。从图 3-3 中可以看到,当入射光强为 0 时,SPPs 共振角 θ_{SPP} 约为 53.75°。在入射光强从 0 增加到 I_{0h} 时,θ_{SPP} 有较小的改变,对比图 3-2 中,可以得知,此时的反射率缓慢减小;当入射光强继续增大时,在 I_{0h} 处 θ_{SPP} 陡然改变了 0.2°,由此对比图 3-2 可以看出反射率在 I_{0h} 处陡然发生了改变。同时,在入射光强大于 I_{0h} 时,θ_{SPP} 继续增加,对应图 3-2 来说,反射率继续增加。当入射光强从图

中最大减值开始减小并减小到 I_{0l} 时，SPPs 共振角 θ_{SPP} 约为 54.1°缓慢减小到 53.9°，对应图 3-2 来说，在此区域反射率一直在缓慢减小；在入射光强减小到 I_{0l} 时，此时的 θ_{SPP} 与入射角度相同。因此，对应图 3-2 可以看出，此时的反射率为 0；当入射光强继续减小并减小至 0 时，入射光强在小于 I_{0l} 的小范围内 θ_{SPP} 直接降到 53.78°此后缓慢减小到 53.75°。由此，对比图 3-2 可以看出反射率在 I_{0l} 处陡然发生了改变。

经过图 3-2 与图 3-3 的共同对比，可以得知，产生双稳态的机理主要是由于光强变化的入射光经过结构后，在银薄膜与非线性介质的交界面产生 SPPs 引起 SPPs 共振角的接近或远离入射角的一个过程。SPPs 随着入射光强的增强或减小时，强度也发生改变，从而引起了非线性 Kerr 介质的介电常数的改变，进而引起了 SPPs 的激发环境的改变。

3.2.2 薄膜厚度对反射光的光学双稳态影响

在上节中，简单的讨论了银薄膜厚度对光学双稳态的影响。由于上一节主要针对产生光学双稳态的机理进行讨论，因此将在本节主要研究银薄膜改变时光学双稳态将发生如何变化。在 Kretschmann 结构中，银薄膜的厚度对入射光的吸收有很大影响。如果银薄膜的厚度过大，在银薄膜与 Kerr 介质表面产生的 SPPs 强度由于银的吸收效应而迅速衰减。反之，金属薄膜的厚度过小（小于趋肤深度）会使得入射光一部分能量直接透过银薄膜，从而使得 Kerr 介质中的电磁场复杂化引起分析的不便。根据式(3-10)，可以得到不同波长的入射光所对应的金属银的趋肤深度。

如图 3-4 所示，可以看出，随着入射光波长的增大，银的趋肤深度也随之增加。在理论推导的前提中假设：非线性 Kerr 介质中的场仅仅是由银与 Kerr 介质交界面上产生的 SPPs 所引起的。如果银薄膜的厚度较小甚至小于某一波长下的银的趋肤深度，那么非线性介质中的场将由两部分组成：直接透过银薄膜的入射光的电磁场和交界面处产生的 SPPs，破坏了相关理论解析的前提。因此，这就要求所讨论的 Kretschmann 结构中，银薄膜的厚度应大于入射光波长范围内的趋肤深度。

本节中，同样将入射光的波长定为 1.06 μm。依然是因为当 λ=1.06 μm 时，此时的银吸收效应达到最小[17]。此时，银的介电常数为 ε_2=-57.6+0.6i。另外，从图 3-4 中可以看出，此时银薄膜的厚度应至少在 19 nm 以上。同样设棱镜的介电常数为 ε_1=3.6，Kerr 介质介电常数的线性部分为 ε_3^l=2.25，非线性系数为 n_2=2×10^{-18} m²/W。入射光的角度为 θ=53.9°。

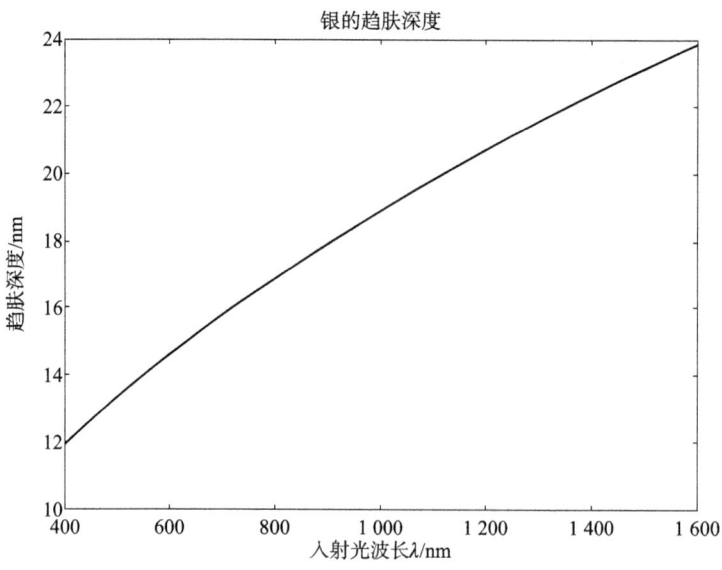

图 3-4　金属银的趋肤深度随入射光波长变化的曲线

首先,将银薄膜的厚度分别取 30 nm、40 nm、50 nm 和 61.4 nm 这 4 个值的情况下,找寻 Kretschmann 结构形成的光学双稳态的规律。其中 61.4 nm 是波长为 1.06 μm 的入射光激发 SPPs 时,Kretschmann 结构中银薄膜的最佳厚度。通过上节的公式来描绘出 4 个不同的 Kretschmann 结构的反射率与入射光强关系曲线,如图 3-5 所示。

其次,对比图 3-5 中 4 个不同银膜厚度下的反射率与入射光强曲线。当银薄膜的厚度略大于趋肤深度即 $L = 30$ nm 时,从图 3-5(a)中可以清楚地看到 Kretschmann 结构中存在光学双稳态,但是此时的反射曲线中的反射较大。此时说明,SPPs 没有达到最大激发值。对比在图 3-5(a)、(b)和(c)中可以看到,反射曲线中的反射率最小值有所下降,从图 3-5(a)中的 0.75 左右下降到了 0.38 左右。与此同时,高低转换强度也有所下降。主要是因为相比图 3-5(a)时,吸收有所增加,由于是激发 SPPs 的效率的提高,需要的入射光强自然下降。对于图 3-5(d)来说,反射率最小值已经达到了最小值(为 0)。同时,转换强度也达到了最小。由上可知,当银薄膜的厚度为 61.4 nm 时,即入射光波长为 1.06 μm 在 Kretschmann 结构中激发的 SPPs 的最佳薄膜厚度时,系统双稳态的性能达到最优。也就是说双稳态的两个转换强度降至最低且最小强度反射率几乎降到了 0。低转换强度所对应的系统反射率的最小值与银膜厚度之间的关系曲线也证实了这一结论,如图 3-6 所示。

| 第 3 章 | 基于 Kretschmann 结构的光学双稳态研究及应用

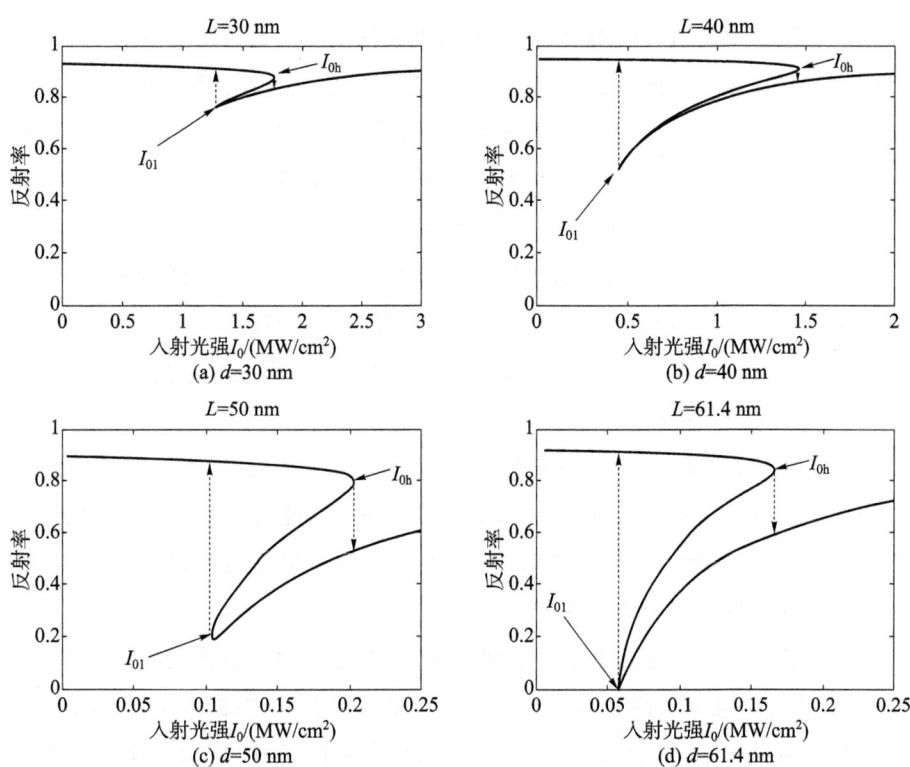

图 3-5 入射光波长为 1.06 μm 时,不同的银膜厚度 d 下系统的反射谱

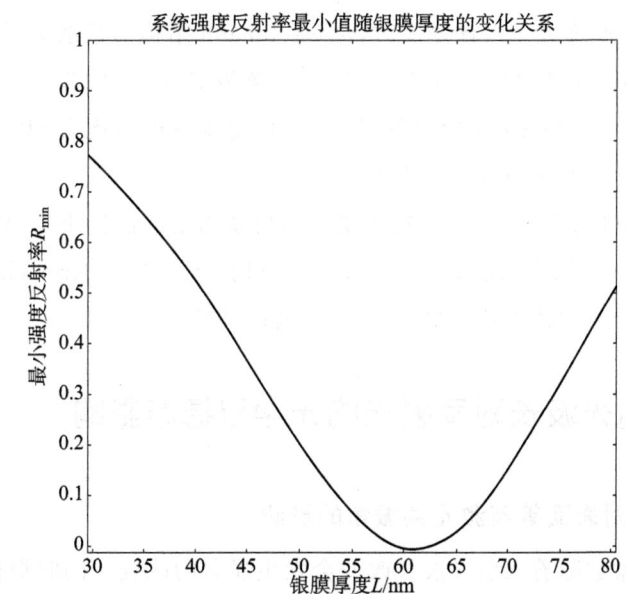

图 3-6 在入射光波长为 1 060 nm 下非线性 Kretschmann 结构反射率的
最小值随银膜厚度的变化关系

光学双稳态的阈值特性由高、低转换强度共同给出。通过对比图 3-5 中的 4 幅图,发现不同 I_{0h} 和 I_{0l} 的值以及它们各自对应的反射率随着银膜厚度变化的趋势是相同的。因此,在图 3-6 中仅给出了低转换强度 I_{0l} 及其对应的系统最小反射率随银膜厚度的变化关系。图 3-6 中所标示的虚线和曲线的交点与图 3-5(c)相对应,图 3-5(a)和图 3-5(b)落在虚线左侧的曲线上,图 3-5(d)则在虚线右侧的曲线上。从图 3-6 中可以清晰地看到,当银膜厚度为 61.4 nm 这一最佳厚度时,低转换强度所对应的系统的最小反射率达到最小;而当银膜的厚度从 61.4 nm 两侧远离该值时,系统的最小反射率随之增大,并且在银膜厚度增大或减小这两个变化方向上,系统的最小反射率增大的速度基本相同。这是由于:

(1) 根据 Kretschmann 结构激发 SPPs 的理论,在结构中,当银薄膜的厚度趋近于最佳厚度时,银对入射光的共振吸收作用最强[19],此时入射光激起 SPPs 的效率最高。因此,除银对入射光的吸收、非线性介质中少量透射光以及反射光外,输入到系统中的能量被完全地转化成为 SPPs。

(2) 在银薄膜厚度与最佳厚度差别较大时,银薄膜对入射光的转换能力减弱,SPPs 的转换效率急剧下降。当银膜厚度小于最佳厚度时,根据 Kretschmann 结构的色散关系曲线来讲,未能达到 SPPs 最大共振所需的条件,系统中还存在着全内反射状态与衰减全反射状态,此时未能达到最有效地激发 SPPs。

(3) 当银膜厚度大于最佳厚度时,Kretschmann 结构的色散关系发生了变化,入射光通过棱镜所产生的附加波矢不变,但是激发 SPPs 的波矢改变,此时系统条件与激发 SPPs 最大效率时的条件完全不同,使得本应被转化为 SPPs 通过棱镜和银膜之间的全内反射作用被反射出去。

综上所述,可以看出,在入射光的波长和角度固定的前提下,当银薄膜的厚度为 Kretschmann 结构中激起 SPPs 的最佳厚度时,该非线性 Kretschmann 系统中形成的光学双稳态的效果达到最好,对反射光的调控能力最强。

3.2.3　入射光波长对反射光的光学双稳态影响

1. 入射光对表面等离激元共振角的影响

银的介电常数随着入射光波长改变会发生显著的改变。同时根据式(3-18)可以,SPPs 的共振角度 θ_{SPP} 也将改变。根据上节的分析可以得知,光学双稳态的形成与两个角度——入射角与共振角有关,所以将先讨论 SPPs 共振角度随入射光波长如何改变。一般地，银的介电常数分别以实验值[20]和复合洛伦兹模型的形式给出。下面分别从实验值与拟合模型出发来分别讨论 SPPs 共振角度如何变化。这两部分的值将在表 3-1 中给出。表 3-1(a)给出了在实验中测量银的介电常数，波长范围从 400 nm 到 1 400 nm。表 3-1(b)给出了复合洛伦兹模型所需要的参数。

表 3-1 银的实验中测量的介电常数和复合洛伦兹模型的参数

(a)银的实验中测量的介电常数

入射光波长/nm	1 400	1 219	1 090	987	894	825	758
银的介电常数实部	-101.99	-77.93	-60.76	-48.89	-39.84	-32.794	-27.48
银的介电常数虚部	2.63	1.59	0.62	0.56	0.51	0.46	0.32
入射光波长/nm	706	661	618	584	550	522	497
银的介电常数实部	-23.41	-20.09	-17.01	-14.88	-12.86	-11.05	-9.56
银的介电常数虚部	0.39	0.45	0.49	0.39	0.43	0.33	0.31
入射光波长/nm	473	452	432	414	398		
银的介电常数实部	-8.23	-7.06	-6.06	-5.17	-4.28		
银的介电常数虚部	0.29	0.21	0.19	0.23	0.21		

(b)银的复合洛伦兹模型

ω_a/Hz	0	1.97×10^{14}	1.08×10^{15}	1.98×10^{15}	2.20×10^{15}	4.91×10^{15}
ω_c/Hz	1.16×10^{13}	9.40×10^{14}	1.09×10^{14}	1.57×10^{13}	2.15×10^{14}	5.85×10^{14}
ω_p/Hz	2.01×10^{15}	5.55×10^{14}	7.67×10^{14}	2.28×10^{14}	1.99×10^{14}	5.18×10^{14}

表 3-1 所示的值足以准确的描述了入射光波长范围从 400 nm 到 1 400 nm 所有的银的介电常数。根据表 3-1 所示数据画出 SPPs 共振角度 θ_{SPP} 随入射光波长变化的关系曲线，如图 3-7 所示。其中，图 3-7(a)中银的介电常数为实验值；而图 3-7(b)中所用的介电常数则是由复合洛伦兹模型近似给出。从这两幅图中可以看出，在可见光至近红外的波长范围内，用实验测量数据计算的 SPPs 共振角与用模型近似计算的结果较为接近。随着入射光波长从 400 nm 变化到 1 400 nm，SPPs 的共振角度 θ_{SPP} 一直在减小。此外，还可以得到，在入射光波长小于 800 nm 这一区域时，θ_{SPP} 随波长增大急剧减小；而在 800 nm 至 1 400 nm 的区域内，θ_{SPP} 平缓下降。产生上述现象的主要原因在于，在 800 nm 至 1 400 nm 的区域内，银薄膜对入射光吸收较小，整个系统吸收的能量主要用于产生 SPPs，所以在该波段内的 SPPs 共振角度

小于讨论的其他波长区域。通过对比图 3-7(a)和(b),同样发现,入射光波长大于 600 nm 即 θ_{SPP} 小于 60°时,两种参数计算的 SPPs 共振角的结果之间吻合得很好;而在 600 nm 以下的波长范围内,由于复合洛伦兹模型的精确度引起该模型自身存在着误差,因此复合洛伦兹模型所得出的曲线与实验值曲线间存在一定偏差。因此可以看出 θ_{SPP} 对入射光波长的变化十分敏感。

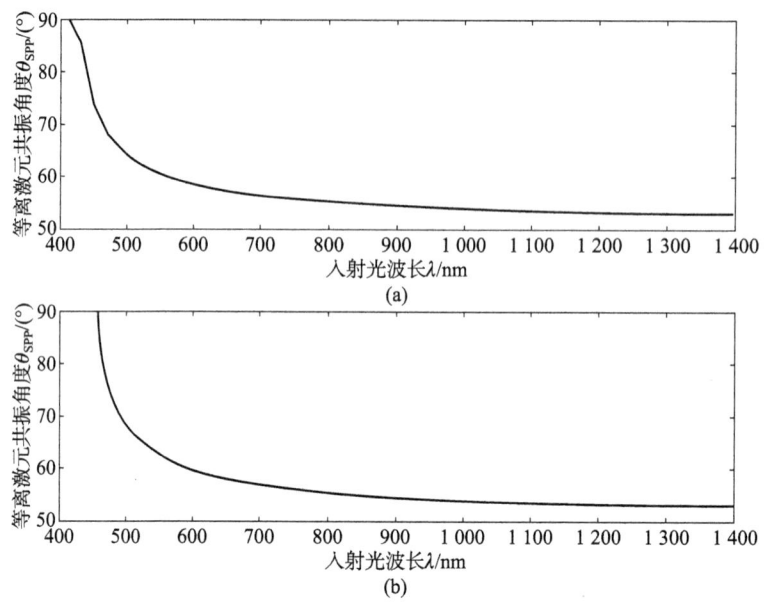

图 3-7　SPPs 共振角度 θ_{SPP} 变化曲线

2. 波长入射光对光学双稳态的影响

从前面的讨论中可以知道,SPPs 的共振角 θ_{SPP} 对入射光的波长的改变反应敏感,而对于入射光的强度在非转换强度处的微小的变化光学双稳态却没有较明显的响应。同时,波长相同而光强不同下共振角 θ_{SPP} 的双稳现象从根本上反映了 Kretschmann 结构中产生基于 SPPs 光学双稳态的原因。接下来,随着入射光波长的改变来产生最佳光学双稳现象成为讨论的重点。

比较了 400 nm、538 nm、1 060 nm、1 400 nm 这 4 种不同入射波长的入射光在各自系统中产生最佳的光学双稳态的条件。图 3-8 所示为这 4 种情况下系统的反射率随入射光强变化曲线。其中,每个 Kretschmann 结构中的银膜厚度为该波长下的最佳厚度;入射角 θ_i 则根据各入射光波长所对应的共振角 θ_{SPP} 进行选择,并要求[5]:

$$\theta_i - \theta_{SPP} \sim 1.5° \tag{3-26}$$

需要特别说明的是,当入射光波长为 400 nm 时,从图 3-7 中可以看出,无论是复合洛伦兹模型,还是根据实验值给出的 θ_{SPP},此时 θ_{SPP} 都在 90°附近。此时若仍然继续使用式(3-26),入射角 θ_i 将超过 90°,是实际中不可能实现的。因此在与入射光波长为 400 nm 对应的反射率曲线的计算中,取 θ_i 为 88.5°。但是这样又产生了新的问题:此时 θ_i 显然不能满足 $\theta_i > \theta_{SPP}$ 的要求,无法在 Kretschmann 结构中最大限度地激发 SPPs。为了解决这个难题,必须通过减小银薄膜厚度使之接近当前入射波长所对应的趋肤深度的方式,迫使入射的能量更多地转化成为 SPPs。

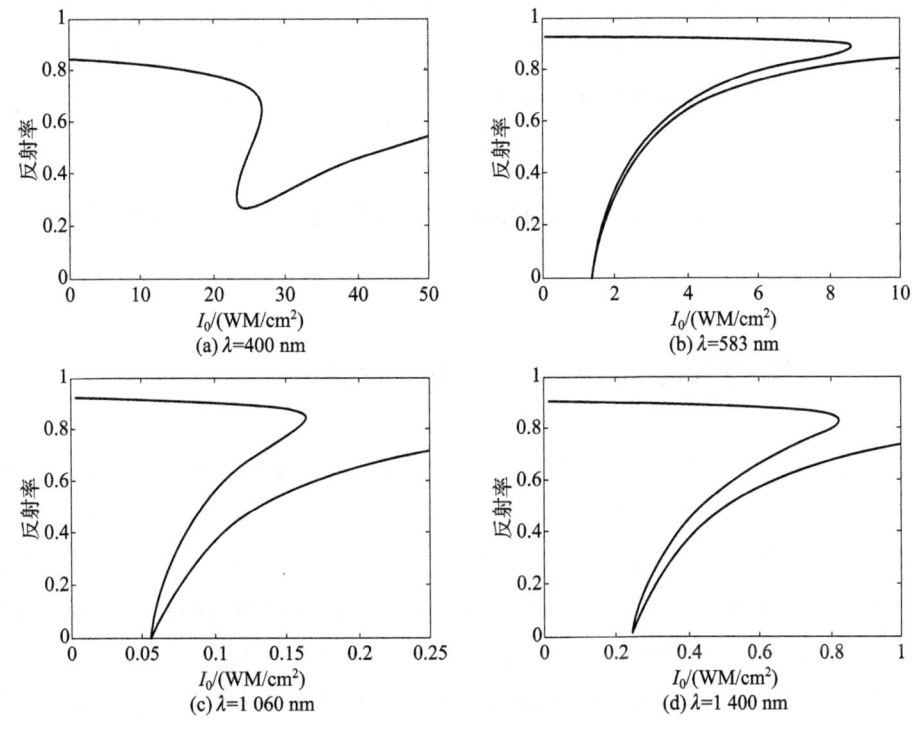

图 3-8　不同入射光波长 λ 下系统的反射谱

通过图 3-8 中 4 种情况的反射率曲线的对比,可以发现,在不同入射光波长下,各个 Kretschmann 系统的最优光学双稳态的性能参数存在着较大的差异。从图 3-8(a)到(c),随着入射光波长的不断增大,光学双稳态的高低转换强度 I_{0h} 和 I_{0l} 减小,下降了大约两个数量级。从图 3-8(c)到(d),光学双稳态的转换强度的变化趋势与此前的情况相反:I_{0h} 和 I_{0l} 随着入射波长的增大平缓增大,增大了大约一倍。

特别要指出,当入射光波长为 1 060 nm 时,系统的高低转换强度达到最小,即在此波长下转换强度的光学双稳态的开关阈值最小。这是因为当入射光波长为 1 060 nm 时,银对入射光的吸收最小。此时,由于银薄膜的厚度为最佳厚度入射光的能量能够最大程度地被转换成为 SPPs。因此系统所需的入射光强最小。对于其他波长的入射光来讲,银薄膜的吸收比 1 060 nm 时的情况要强得多,尤其是在 400 nm 左右为银的吸收共振峰值附近。剩下的部分才转换成 SPPs。由此可以看出,入射光的波长越接近 1 060 nm,形成光学双稳态时所需的入射光强就越小,即系统发生双稳态的阈值越小。在光通信领域中,工作波长窗口主要有 980 nm、1 310 nm 和 1 550 nm 这 3 个。因此,在全光网络和全光计算中使用基于含有三阶非线性材料的 Kretschmann 结构所制作的光开关、光交换器或光晶体管等器件时,为使器件的开关阈值做到最小,最优的工作波长应为 980 nm。

3.3 发展的 Kretschmann 结构 I 的光学双稳态

3.3.1 发展的 Kretschmann 结构 I 介绍

经过上一节的讨论,可知在不同情况下含有三阶非线性的 Kretschmann 结构能够产生基于 SPPs 的光学双稳态。但是,在此类非线性系统中,三阶非线性介质中的场为倏逝场,仅仅是局域在金属与非线性介质的交界面处,不能够被有效地利用起来。如果将现有的 Kretschmann 结构进行改进,可以将倏逝场转化为辐射场。同时,使得这一新的发展的结构能够在光学集成中得到应用。

本书的发展的 Kretschmann 结构 I 的计算模型如图 3-9 所示。这是由两个非线性 Kretschmann 结构组成的。从左端起放置一个半无限大的电介质 I,此时的入射角度为 θ_1。紧贴电介质 I 处放入用于激发 SPPs 的银薄膜 I,它的介电参数为 ε_2,厚度为 d_1。在银薄膜后放入 Kerr 介质层。Kerr 介质介电常数的线性部分为 ε_3^l,非线性系数为 n_2,厚度为 d_2。紧接着,将银薄膜 II 放于 Kerr 介质后面,其介电常数为 ε_4,厚度为 d_3。最后将半无限大的电介质 II 放置在银薄膜 II 后,其介电参数为 ε_5。在电介质 II 中,出射的光的方向假设为 θ_2。以上参数全部介绍完了,有所不同的是,在上面讨论的模型中的参数表述上与本节有所不同。由于仅仅是表示方式不同,将上述结果直接应用在本节中。下面将从基本的解释出发,求得电介质 II 中的出射光。并且将通过仿真进行验证所涉及的理论。

|第 3 章| 基于 Kretschmann 结构的光学双稳态研究及应用

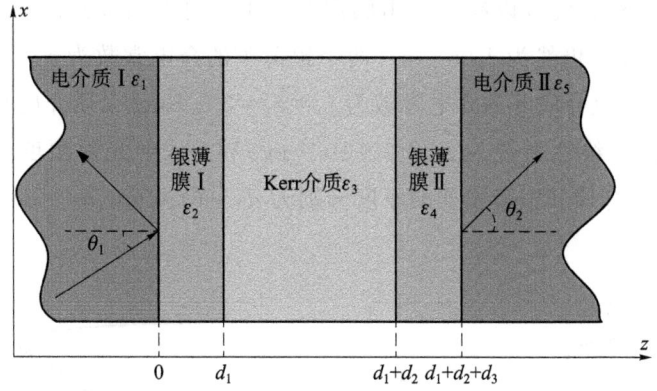

图 3-9 发展的 Kretschmann 结构 I 的计算模型

利用式(3-3)与式(3-4)并且改变参数的形式可以求得在 Kerr 介质与银薄膜 II 交界面的无量纲光学强度 U_3'：

$$U_3' = \frac{\varepsilon_1 \sin\theta_1 - \varepsilon_3^l}{\varepsilon_5 \sin\theta_2 - \varepsilon_3} \frac{\cos h^2 \kappa}{[\cos h(k_0 \sqrt{\varepsilon_1 \sin\theta_1 - \varepsilon_3^l} d_2 + \kappa)]^2} U_3 \quad (3\text{-}27)$$

此时，可知在 Kerr 介质与银薄膜 II 交界面处产生的 SPPs 的场的形式。在光学中，根据光学可逆原理，可以通过假定有入射场的情况下而产生的 SPPs。因此，按照反射光的原理，可以写出在电介质 II 的出射光的无量纲强度 U_4：

$$U_4 = \frac{U_3'}{4} \left| \frac{\cos k_0 \sqrt{\varepsilon_4 - \varepsilon_5 \sin^2\theta_2} d_3}{1+U_3'} \left[\left(1 + i \frac{\varepsilon_5 \sqrt{\varepsilon_4 - \varepsilon_5 \sin^2\theta_2}}{\varepsilon_4 \sqrt{\varepsilon_5} \cos\theta_2} \tan k_0 \sqrt{\varepsilon_4 - \varepsilon_5 \sin^2\theta_2} d_3 - \right. \right. \right.$$
$$\left. \left. \left. i \frac{\sqrt{\varepsilon_5(\varepsilon_5 \sin\theta_2 - \varepsilon_{3d_1+d_2})}}{\varepsilon_{3d_1+d_2} \cos\theta_2} \frac{1-U_3'}{1+U_3'} \left(1 + i \frac{\varepsilon_4 \cos\theta_2}{\sqrt{\varepsilon_5(\varepsilon_4 - \varepsilon_5 \sin^2\theta_2)}} \tan k_0 \sqrt{\varepsilon_4 - \varepsilon_5 \sin^2\theta_2} d_3 \right) \right) \right] \right|^2$$

$$(3\text{-}28)$$

从式(3-28)中可以看出，输出的透射光与出射角度 θ_2 有关。因此，在得到出射的透射光时，还要知道出射角度是多少。可知在 Kerr 介质与银薄膜 II 的交界面处的电磁场均为 SPPs，所以在由 Kerr 介质-银薄膜 II-电介质 II 组成的 Kretschmann 结构中，可以假设有一束入射光以角度为 θ_2 的入射角从电介质 II 中射向银薄膜 II，并在 Kerr 介质与银薄膜 II 的交界面处激发 SPPs。此时，根据线性中 Kretschmann 结构的理论来看，入射光若要在 Kretschmann 结构中激发 SPPs，则入射角应该在 SPPs 共振角的附近。于是，结合式(3-18)可知 θ_2 的值为

$$\theta_2 = \sin^{-1}\left[\text{Re}\left(\frac{\varepsilon_4 \varepsilon_{3d_1+d_2}}{\varepsilon_2 + \varepsilon_{3d_1+d_2}}\right)^{1/2} \varepsilon_5^{-1/2}\right] \quad (3\text{-}29)$$

由上述的公式，就可以绘出输出的曲线。于是将上面提到的参数沿用下来。设置入射光的波长仍然为 1.06 μm。两个银薄膜的介电常数为 $\varepsilon_2=\varepsilon_4=-57.6+0.6i$。电介质Ⅰ和电介质Ⅱ的介电常数为 $\varepsilon_1=\varepsilon_5=3.6$，Kerr 介质介电常数的线性部分为 $\varepsilon_3^l=2.25$，非线性系数为 $n_2=2\times10^{-18}$ m^2/W。入射光的角度为 $\theta_1=53.9°$。银薄膜Ⅰ，Kerr 介质和银薄膜Ⅱ的厚度分别为 $d_1=61.4$ nm、$d_2=350$ nm 和 $d_3=61.4$ nm。

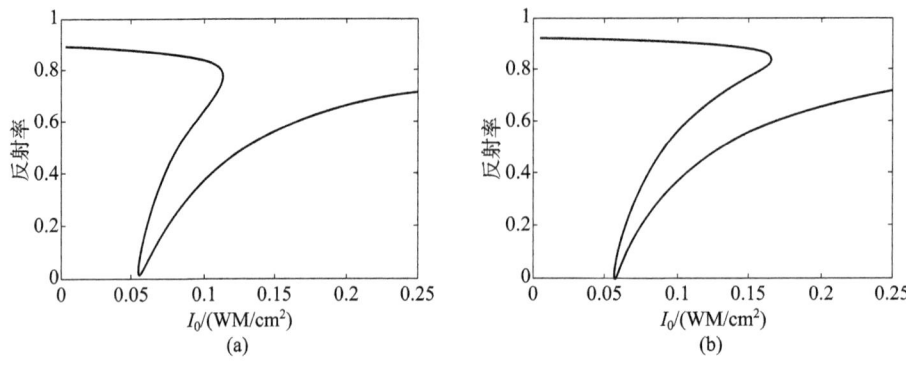

图 3-10　与此前工作的曲线的对比

现在新加入的结构，是否会对反射光的光学双稳态构成影响呢？答案是否定的。下面将通过与已有的工作进行对比来说明新加入的结构没有对的发展的 Kretschmann 结构Ⅰ的反射率产生影响。在以往的工作中[21]，有与所设计的发展的 Kretschmann 结构Ⅰ类似的结构。中间 Kerr 介质的介电常数不仅与入射光强有关，还与饱和系数 ε_{sat} 有关。其介电常数模型为[22]

$$\varepsilon_3=\varepsilon_3^l+\frac{\alpha\,|E|^2}{1+\frac{\alpha}{\varepsilon_{sat}}|E|^2} \tag{3-30}$$

当 $\varepsilon_{sat}\to\infty$ 时，则非线性介质的介电常数退回到单纯的 Kerr 介质模型；如果当 $\varepsilon_{sat}\to0$ 时，则非线性介质的介电常数转化成为单纯的线性介质。按照此模型及该文献中的参数设计，选择一个较大的饱和系数 $\varepsilon_{sat}=10^5$，并且同样以 1 060 nm 的波长为入射光波长，并且其他的参数都与上述参数一致，以此参数求得那个结构的反射率随入射光强的变化曲线，如图 3-10(a)所示。同时，将 3.2 节讨论的光学双稳态曲线一并放入图 3-10 中进行对比，如图 3-10(b)所示。通过比较两幅图中可以看到，两图中的反射率仅有微小的差别，差值在 0.02 左右。因此，所设计的发展的 Kretschmann 结构Ⅰ中新加入的部分对原有的 Kretschmann 结构的反射率并无很大的影响。于是将式(3-5)、式(3-19)和式(3-28)联合起来,求得透射率随入射光强改变的曲线,如图 3-11(b)所示。

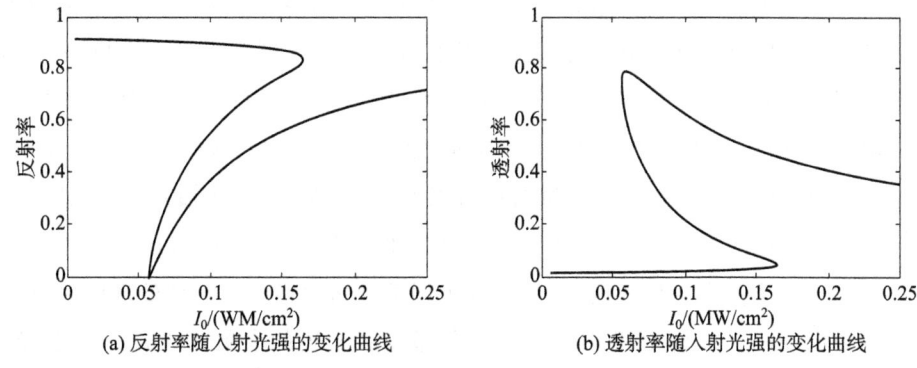

(a) 反射率随入射光强的变化曲线　　(b) 透射率随入射光强的变化曲线

图 3-11　发展的 Kretschmann 结构 I 的变化曲线

由图 3-11 可以看出,透射率随入射光强改变时,也显现了光学双稳态效应。从图 3-11 中的曲线变化过程,也可以看出整个光学双稳的形成过程。当入射光强从 0 增大到 I_{0h} 时,透射率从 0 缓慢增加 0.02 左右;当入射光强继续增大时,在 I_{0h} 处透射率陡然增加到 0.4 左右,但是随后立即从 0.4 逐渐增加到 0.2 左右。当入射光强从图 3-11 中的最大值开始减小到 I_{0l} 时,透射率从 0.2 左右一直增加到 0.98;当入射光强继续减小到 0 时,在 I_{0l} 处透射率陡然减小到 0.02 左右,随后透射率缓慢减小到 0 左右。从上图的双稳态过程不难看出,在电介质Ⅱ中的透射光完全依赖于入射光在银薄膜Ⅰ与 Kerr 介质的交界面处引起的 SPPs 的量的多少。

从整体来分析,当入射光在银薄膜Ⅰ与 Kerr 介质的交界面产生了 SPPs,由于在介质中,SPPs 的趋肤深度仍有 300 nm 到 400 nm。所以此部分电场同样通过 Kerr 介质在 Kerr 介质与银薄膜Ⅱ的交界面上感应产生了 SPPs。这部分 SPPs 在由 Kerr 介质-银薄膜Ⅱ-电介质Ⅱ组成的 Kretschmann 结构中进行了再次的耦合,在电介质Ⅱ中可以形成辐射场。随着入射光强的改变,感应的 SPPs 的量也随之发生了变化。由于 Kerr 介质的反馈作用,使得输出的透射光也产生了光学双稳态的效应。

3.3.2　仿真研究

在此前,假定输出的光与法向有一个角度 θ_2。根据光路可逆原理可知输出角。以上部分为解析计算,为了保证理论的正确性和可靠性,下面将对所设计的结构进行了仿真模拟。用三维时域有限差分方法模拟。

利用 EastFDTD 这款软件进行模拟。在模拟中,将结构放置的位置与图 3-9 相同。在 x 轴方向,假设长度为 2 120 nm,使得在横向上能够存在两个波长。在这方向上的边界条件为周期性边界条件。选择这样的边界条件是因为在此结构中,x 轴方向并未起到任何作用,也就是说,以上所有的计算模型中,均未讨论到 x 轴方向的长度。因此这方向可以看作是无限大,所以边界条件用周期性边界条件。在 z 轴方向,由于是光场的入射与出射方向,所以这个边界用吸收性边界条件来吸收掉多余的光场。由于是利用三维时域有限差分法,因此,在 y 轴方向上也应该有一定的长度。在计算中,所设计的结构只是二维平面。所以,在仿真中这样处理,将 y 方向设定为一个单位长度,边界条件为周期性边界条件。这样处理以后,可以将 y 轴方向忽略。结构中所涉及的参数全部按照上述的参数来设定。入射光为 TM 偏振的波长为 1 060 nm 的单色光。由于结构在空间上观察为长方体,因此,根据时域有限差分方法细化网格的特点即每一个单元为长方体,可以将物体的各个方向网格化的单位步长定为 5 nm。为了配合空间步长的细化程度,时间步长为 $dt = 8.34 \times 10^{-18}$ s。

由于系统为非线性系统,因此,对于整个系统的响应时间来说是最难计算的。为了应对此种不便,将非线性 Kerr 介质作近似处理。考虑到 SPPs 对 Kerr 介质的影响,分别计算出在银薄膜 I 与 Kerr 介质交界面附近和在 Kerr 介质与银薄膜 II 交界面附近 Kerr 介质的折射率。将这两个值的差值等分成 7 份。因此,Kerr 介质被分为了 7 个 50 nm 厚的层,每一层用线性介质折射率来代替。于是进行了如下的两个验证:

第一,对出射角度的验证。将理论假设的出射角度与仿真联系在一起,验证假设的正确性。

第二,对输出的透射率随入射光强变化曲线进行验证。根据上面提到的方法进行逐一描点,绘出曲线并与理论进行对比。

如图 3-12 所示利用时域有限差分法在电介质 II 中得到了电场分布。图中深红色与深蓝色代表着电场的最大值与最小值。这两个值的大小相等,符号相反。从图中可以明显地看出来,出射电场带有方向性。从图中的标示,可以算出出射角度为 54.46°。根据理论计算,此时的共振角度应为 53.82°。此时则有 $\Delta\theta = 0.64°$。考虑到仿真计算中,网格细化的精度与最后测量的精度都有限。所以,0.64° 的误差是可以容忍的。因此,理论假设与实际的仿真结果基本符合。

接下来,对比仿真数据点与理论计算曲线,并对其进行讨论。在图 3-13 中,圆

|第 3 章| 基于 Kretschmann 结构的光学双稳态研究及应用

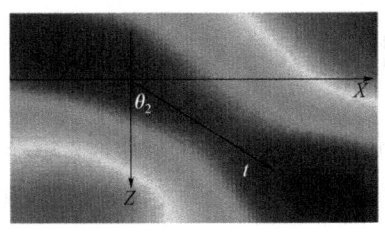

图 3-12 利用时域有限差分法在电介质 II 中获得的场分布

点代表通过仿真得到的数据，直线代表理论计算的结果。从图 3-13 来看，圆点随入射光强的变化规律与图中直线类似。由此可见，整体上的趋势是一样的。在图中并不是所有的点都符合得很好，尤其是在 0 至 0.16 MW/cm² 之间，误差较大。产生误差主要有以下几个原因：

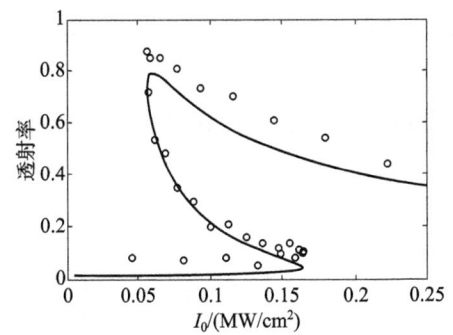

图 3-13 仿真结果通过描点法绘制的透射率曲线（圆点）与理论计算曲线对比（直线）

（1）仿真本身的网格细化度有限。在仿真中即使再细化的网格也不能够特别准确地描述物体，始终会有些差异。因此，这部分为本身软件的固有误差，不可消除。

（2）仿真中迭代计算过程中的误差。在仿真计算中，是将物体离散化，对某点进行反复迭代计算。在计算中，数值的精确度不如理论直接计算得精确，因此会引起一定的误差。

（3）入射功率在 0～0.16 MW/cm² 之间时，本身的出射光强就很小，同时再加之此前的误差积累，容易引起计算小输出量的值会偏高。因此会出现在 0～0.16 MW/cm² 之间的误差值大于其他区域。

虽然仿真结果与计算结果之间在数值上存在一些差异，但是总体的趋势是正确的。

3.3.3 结构参数对输出光学双稳态的影响

在上一小节中,通过仿真验证了本章的理论计算结果,通过验证过程发现理论计算结果真实可靠。本节将进一步讨论调整结构参数,观察其对输出的光学双稳态带来的影响。

首先,从改变入射角开始讨论。如图 3-14 所示,将入射角度分别设置为 53.86°、53.88°、53.9°和 53.92°,从而得到 4 幅透射率随入射光强变化的图谱。从上述 4 幅图就可以看出,输出的光学双稳态对入射角非常敏感。4 幅图中角度的最大差值仅为 0.06°,而透射率与最大和最小转换强度之间的差值分别为 0.03 MW/cm²、0.06 MW/cm²、0.1 MW/cm² 和 0.18 MW/cm²。产生此现象的主要原因是此时结构的 SPPs 的共振角度为 53.75°,而入射角度从 53.86°增大到 53.92°时,入射角越来越远离 SPPs 共振角,此时需要较大的功率来引起足够的 SPPs 改变 Kerr 介质的折射率,以达到当入射光强减小过程中达到最小时的共振角与入射角度相匹配。

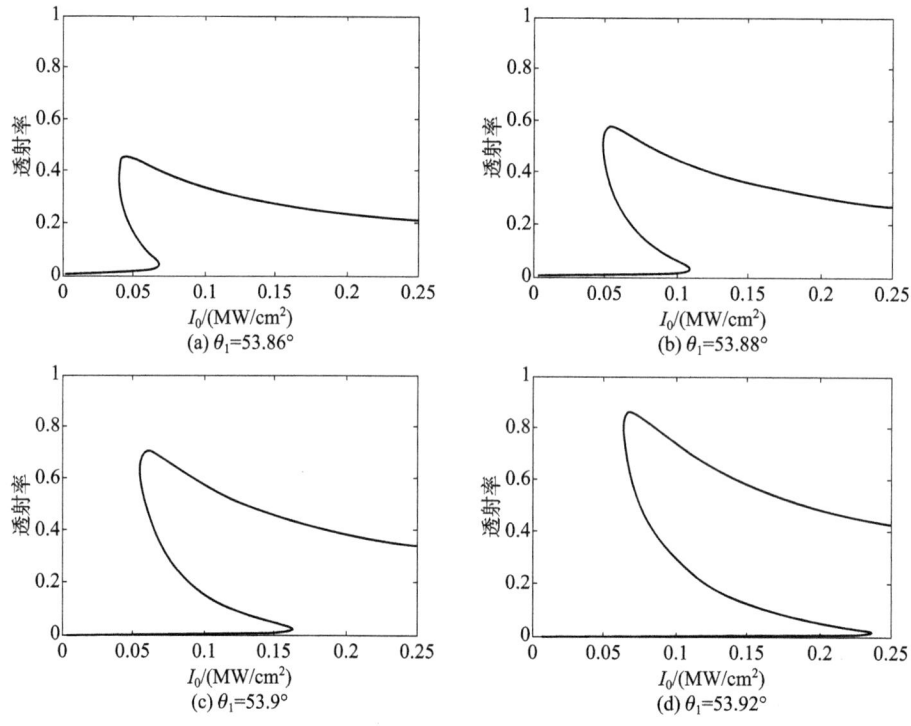

图 3-14 入射角度分别为 53.86°(a)、53.88°(b)、53.9°(c)和 53.92°(d)时的透射光学双稳态

由于在光强增大过程中,激发的 SPPs 对 Kerr 介质的影响能力不同,所以需要不同的高转换强度。因此,4 幅图中的转换强度是不同的。从 4 幅图中还可以看出,低转换强度处对应的透射率也不相同。这是由于各个低转换强度处在银薄膜 I 与 Kerr 介质交界面处激发的 SPPs 的强度是不同的,由于此时系统的转换效率是固定的,所以引起 Kerr 介质与银薄膜 II 的交界面处的 SPPs 也是不同的,进而透射光的光强是不同的。

其次,通过改变 Kerr 介质的厚度来观察透射率随入射光强是如何改变的。分别设定 Kerr 介质的厚度分别为 350 nm、400 nm、450 nm 和 500 nm,从而得到 4 幅透射率随入射光强变化的图谱,如图 3-15 所示。

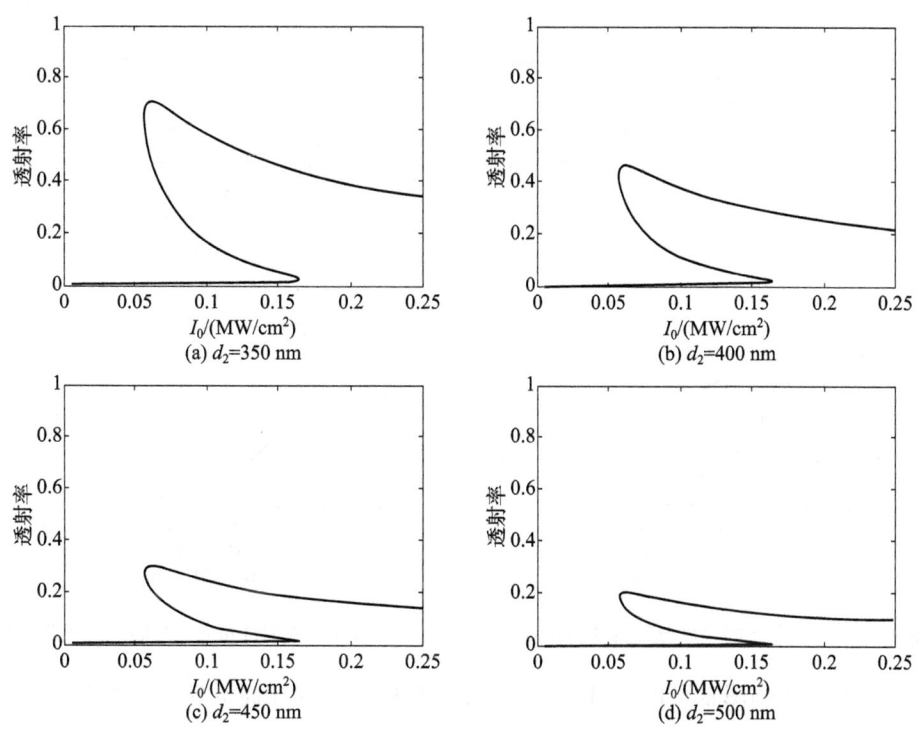

图 3-15　Kerr 介质的厚度分别为 350 nm、400 nm、450 nm 和 500 nm 时的透射光学双稳态

从上述 4 幅图就可以看出,输出的光学双稳态在低转换强度处的透射率受 Kerr 介质厚度的影响较大。4 幅图中 Kerr 介质厚度从 350 nm 变化到 500 nm,而在低转换强度处的透射率从 0.78 变化到 0.21。此时的高低转换强度均未有所改变。这是由于 Kerr 介质仅仅影响在银薄膜 I 与 Kerr 介质交界面处激发的 SPPs 的强度透过 Kerr 介质。Kerr 介质越厚,透过的 SPPs 越少。同时,通过式(3-3)也

能看出，Kerr介质越厚，到达Kerr介质与银薄膜Ⅱ的交界面的场越小。所以，透射过去的光强也就越小。由于Kerr介质仅是影响在相同激发条件下的SPPs到达Kerr介质与银薄膜Ⅱ的交界面的场的大小，因此，高低转换强度基本不变。

最后，改变银薄膜Ⅱ的厚度来观察透射率随入射光强是如何改变的。分别设定银薄膜Ⅱ的厚度分别为45 nm、50 nm、55 nm和61.4 nm，从而得到4幅透射率随入射光强变化的图谱，如图3-16所示。

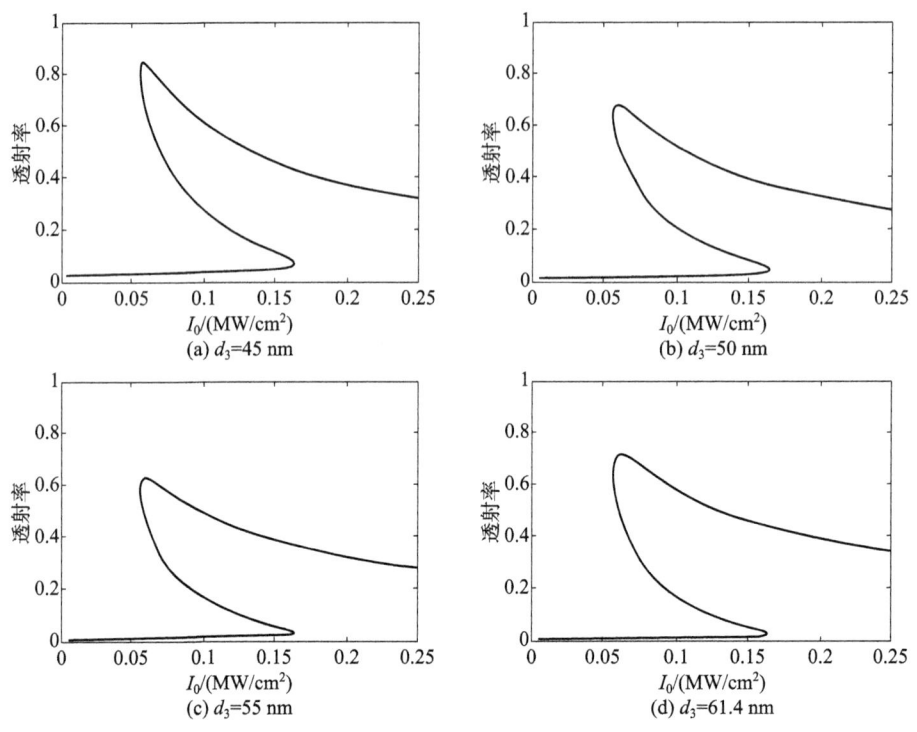

图3-16　Kerr介质的厚度分别为45 nm(a)、50 nm(b)、55 nm(c)和61.4 nm(d)时的透射光学双稳

从上述4幅图就可以看出，输出的光学双稳态分别在高低转换强度处的透射率受银薄膜Ⅱ的影响较大。在本章的开始，讨论了Kretschmann结构中银薄膜的厚度对反射光学双稳态的影响。在其中引入了一个最佳厚度的概念，即在系统对入射光吸收一定时，反射率最小，也就是说将入射光转换成SPPs的效率最大。那么也将利用最佳厚度的概念来设计多层Kretschmann结构，使得在出射端也有最佳厚度。从最佳厚度的计算方式来看，银薄膜Ⅱ的最佳厚度应与银薄膜Ⅰ的最佳厚度相同。从上述来看，每个银薄膜的厚度只是影响SPPs的转换效率。因此，转换强度基本没有变化，而银薄膜Ⅱ的厚度只是影响着透射率的大小。当银薄膜Ⅱ

的厚度接近当前频率下的趋肤深度时,由于在 Kerr 介质与银薄膜Ⅱ交界面的 SPPs 的场可以直接透过银薄膜Ⅱ从而形成辐射场,所以透射率会明显增大。于是银薄膜Ⅱ的厚度在趋肤深度与最佳厚度之间会存在一个厚度使得在 Kerr 介质与银薄膜Ⅱ交界面的 SPPs 的耦合效率最低并且没有近场效果,也就是在此厚度下,低转换强度时的透射率最小。

3.3.4　发展的 Kretschmann 结构Ⅰ在光信息领域的应用

从经典的光学双稳器件出发,可以知道光学双稳器件主要的应用是在光开关中。由于受到响应时间与难以找到合适的光 Kerr 介质条件的限制,很多基于光学双稳态的器件难以在现实中得到应用。为了减小以上因素的影响,根据结构特点即在输入端与输出端同时形成光学双稳态,使得基于光学双稳态器件开辟了新的用途。根据所设计的结构,可以将光学双稳态应用在分束器中。

从图 3-17 中可以看到样品器件被放置在二氧化硅衬底上了。银薄膜Ⅰ-Kerr 介质-银薄膜Ⅱ被放置在两个弯曲的电介质波导之间。鉴于上节讨论的结果,可以看出,入射角度对出射端的透射率影响极大。因此,选择两个弯曲的介质波导是为了把入射角度固定住。端口 1 为入射端,端口 2 为反射端,端口 3 为透射端口。下面分别以入射光波长为 1 060 nm TM 偏振光与 TM 和 TE 混合光时的反射与透射谱来说明的结构如何实现强度分束与偏振分束。

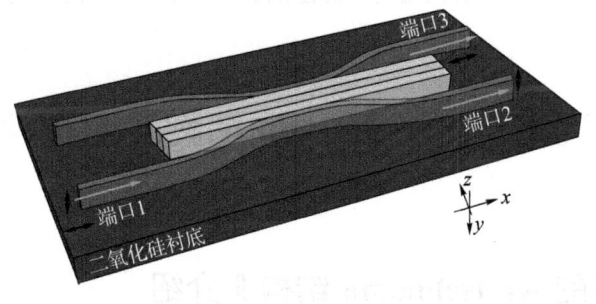

图 3-17　基于发展的 Kretschmann 结构Ⅰ器件示意图

入射光波长为 1 060 nm 时 TM 偏振模式的光在基于发展的 Kretschmann 结构Ⅰ器件中的透射曲线(红线)与反射曲线(蓝线)如图 3-18 所示。此时,应该了解到当入射光强逐渐增加到最大,然后逐渐减小时,反射(透射)曲线中曲线是以何路径运行的。当入射光强从 0 逐渐增加到 0.3 MW/cm² 时,反射(透射)曲线运行的路径是:a-b-c-e(1-2-2-5)。当入射光强从 0.3 MW/cm² 逐渐减小到 0 时,反射(透射)曲线运行的路径是:e-d-b-a(4-3-2-1)。由于在光强增大的路径中,反射(透射)率大多都在 0.9(0) 附近。所以,此部分不能够应用在分束器中。所以,所设计的分束器只能工作在入射光强逐渐减小时的区间。在此区间,可以知道,通过的设计的结构,能够得到任意的分束比,也就是说,所设计的器件可以实现强度分束器的功能。与此同时,观察图 3-18 可知,反射率有最小值 0。而且,只有 TM 模式的入射光能够产生反射与入射的光学双稳态。所以,光一束由 TE 与 TM 模式的混合光从端口 1 入射后,先将入射光强增大到 e(5) 点,然后再减小光强至 d(2) 点。此时,TM 模式的光全部都在透射端处(端口 3),而 TE 模式的光由于不能产生 SPPs 在入射端全部反射出去(端口 2)。所以,所设计的器件实现了偏振分束器的功能。

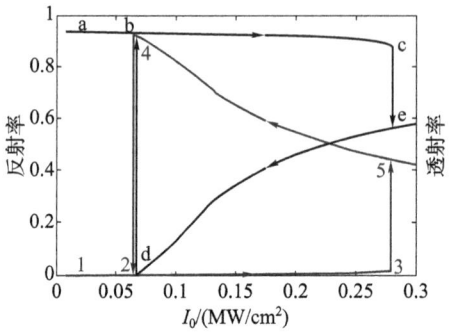

图 3-18 入射光波长为 1 060 nm 时 TM 偏振模式的光在基于发展的
Kretschmann 结构 I 器件中的透射曲线(红线)与反射曲线(蓝线)

3.4 发展的 Kretschmann 结构 II 的光学双稳态

3.4.1 发展的 Kretschmann 结构 II 介绍

经过以上的讨论,知道了发展的 Kretschmann 结构 I 能够在反射与透射端产生基于 SPPs 的光学双稳态。同时,这种结构在将来的光学分束器中有较好的应用前景。接下来继续改变结构,同样也可以产生如上的现象。对比上节的内容,将会有更多的发现。

发展的 Kretschmann 结构 II 计算模型如图 3-19 所示。与上节的 Kretschmann 结

|第3章| 基于Kretschmann结构的光学双稳态研究及应用

构Ⅰ不同的是,将发展的Kretschmann结构Ⅰ中的银薄膜Ⅱ改换成为银光栅。因此,在其中有些参数加以改动。从左端起放置一个半无限大的电介质Ⅰ,此时的入射角度为 θ_1。紧贴电介质Ⅰ处放入银薄膜Ⅰ,介电参数为 ε_2,厚度为 d_1。在银薄膜后放入Kerr介质层。Kerr介质介电常数的线性部分为 ε_3^l,非线性系数为 n_2,厚度为 d_2。紧接着,将银光栅放于Kerr介质后面,其介电常数为 ε_4,光栅的厚度为 d_3,金属薄膜的厚度为 d_4,光栅的占空比为 f。最后将半无限大的电介质Ⅱ放置在银光栅后,其介电参数为 ε_5。在电介质Ⅱ中,出射的光的方向假设为 θ_2。以上参数全部介绍完了,有所不同的是,在上面两节讨论的模型中的参数表述上与本节有所不同。由于仅仅是表示方式不同,将上述结果直接应用在本节中,并且将不再对上节的内容做过多的重复。下面将从基本的解释出发,求得电介质Ⅱ中的出射光。并且将通过仿真验证所涉及的理论。

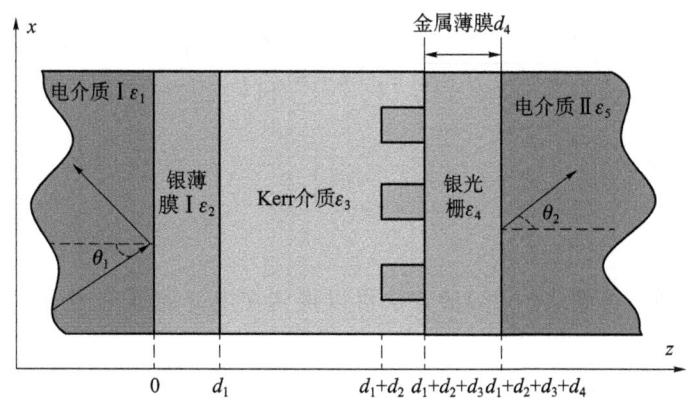

图3-19 发展的Kretschmann结构Ⅱ计算模型

首先,来处理光栅结构。在这里,将光栅化分成为两部分。第一部分是厚度为 d_3 的光栅的突起与其中的Kerr介质;第二部分是厚度为 d_4 的金属薄膜。这两部分化分开后,将第一部分独立出来解决后,剩下的工作与前一章节类似,只是有些参量表示不同。

根据等效介质理论来处理厚度为 d_3 的光栅的突起与其中的Kerr介质。由于在银薄膜Ⅰ与Kerr介质的交界面处产生的SPPs的幅度扩展到Kerr介质与银光栅的交界面处,由于银光栅对SPPs再次进行激发,加之 d_3 非常小(小于150 nm),可以假设在银光栅的凹槽中的场是均匀的。也就是说,假设在银光栅的凹槽中的Kerr介质的介电常数是相同的。利用等效折射率理论处理银光栅的第一部分。根据等效折射率理论一阶近似得知[23]:

$$\varepsilon_{\text{eff}} = \frac{\{\varepsilon_{\text{Kerr}}\varepsilon_{\text{mr}}[f\varepsilon_{\text{Kerr}}+(1-f)\varepsilon_{\text{mr}}]+(1-f)\varepsilon_{\text{Kerr}}\varepsilon_{\text{mi}}^2\}+i\{\varepsilon_{\text{mi}}\varepsilon_{\text{Kerr}}[f\varepsilon_{\text{Kerr}}+(1-f)\varepsilon_{\text{mr}}]-(1-f)\varepsilon_{\text{Kerr}}\varepsilon_{\text{mi}}\varepsilon_{\text{mr}}\}}{[f\varepsilon_{\text{Kerr}}+(1-f)\varepsilon_{\text{mr}}]^2+(1-f)^2\varepsilon_{\text{mi}}^2} \tag{3-31}$$

式中，$\varepsilon_{\text{Kerr}}$ 是 Kerr 介质在 d_1+d_2 处的介电常数，ε_{mr} 与 ε_{mi} 分别是 ε_4 的实部与虚部，f 是占空比。因此，根据介电常数的性质知道，当 $\varepsilon_{\text{eff}}>0$ 时，物质呈现介质特点，虚部仅表示吸收；当 $\varepsilon_{\text{eff}}<0$ 时，物质呈现金属特点。对于所设计的结构来说，当 $d_4\neq 0$ 时，只考虑 $\varepsilon_{\text{eff}}<0$ 时的情况。因为当 $\varepsilon_{\text{eff}}<0$ 时，只是表示两种不同的金属紧密的叠放在一起。由于要使得 SPPs 能够在 x 方向上传播，所以在 x 方向上必须满足光栅的匹配条件[18]。因此，在计算时，光栅的周期必须与入射波长相同。

仅讨论 $d_4\neq 0$ 时的情况。利用菲涅尔薄膜理论公式与式(3-27)，可以得到在银光栅第一部分与第二部分之间的无量纲光强 U_{t_1}：

$$U_{t_1} = \frac{4U_3'}{\left[\cos h k_0 \sqrt{\varepsilon_1 \sin^2\theta_1 - \varepsilon_{3d_1+d_2+d_3}} d_2 + k\right]^2 \text{Re}\left[\left(1+\sqrt{\frac{\varepsilon_{3d_1+d_2+d_3}}{\varepsilon_4}}\right)\cos k_0\sqrt{\varepsilon_{\text{eff}}}d_3 - i\sin k_0\sqrt{\varepsilon_{\text{eff}}}d_3\left(\sqrt{\frac{\varepsilon_4}{\varepsilon_{\text{eff}}}}+\sqrt{\frac{\varepsilon_{\text{eff}}}{\varepsilon_{3d_1+d_2+d_3}}}\right)\right]^2} \tag{3-32}$$

其次，再通过得到式(3-28)的方法可以得到在电介质 II 中的透射光的无量纲强度：

$$U_t = \frac{U_{t_1}}{4}\left|\frac{\cos k_0\sqrt{\varepsilon_4-\varepsilon_5\sin^2\theta_2}d_4}{1+U_{t_1}}\left[\left(1+i\frac{\varepsilon_5\sqrt{\varepsilon_4-\varepsilon_5\sin^2\theta_2}}{\varepsilon_4\sqrt{\varepsilon_5}\cos\theta_2}\tan k_0\sqrt{\varepsilon_4-\varepsilon_5\sin^2\theta_2}d_4 - i\frac{\sqrt{\varepsilon_5(\varepsilon_5\sin\theta_2-\varepsilon_{\text{eff}})}}{\varepsilon_{\text{eff}}\cos\theta_2}\frac{1-U_{t_1}}{1+U_{t_1}}\left(1+i\frac{\varepsilon_4\cos\theta_2}{\sqrt{\varepsilon_5(\varepsilon_4-\varepsilon_5\sin^2\theta_2)}}\tan k_0\sqrt{\varepsilon_4-\varepsilon_5\sin^2\theta_2}d_4\right)\right)\right]\right|^2 \tag{3-33}$$

式中，$\theta_2 = a\sin\left(\text{Re}\left(\varepsilon_5^{-1}\sqrt{\frac{\varepsilon_{\text{eff}}\varepsilon_4}{\varepsilon_{\text{eff}}+\varepsilon_4}}\right)\right)$。然后再将式(3-33)代入式(3-19)中求得实际的光强。然后根据以上的参数来讨论输出的透射谱有何改变。

3.4.2 仿真研究

同样对这个结构进行了仿真计算。仿真的内容与上一节相同，分别从出射角与透射率随入射光强的变化曲线两个方向出发。依然用银吸收最低的波长 1 060 nm 来进行仿真。与上节仿真内容不同的是,上节中的银薄膜Ⅱ被替换成了银光栅。在光栅中,选用两个参量也就是栅高 $d_3=106$ nm 与占空比 $f=0.5$ 这两个特殊值。本节的 d_4 与上节的 d_3 是相同的。所得到的仿真结果由于图形与上节的两个仿真结果相近,所以在此不予以过多阐述。也就是说,本节所得到的理论解释的正确性得到了验证。

3.4.3 结构参数对输出光学双稳态的影响

在本节中,仍然像上节中微小的调整的结构。由于入射角度、Kerr 介质的厚度与金属薄膜的厚度对整体的影响效果相近,所以不需要过多的说明。仅讨论两个内容:分别改变光栅的高度 d_3 与占空比 f 对输出的影响。

首先,讨论光栅高度 d_3 对输出的影响。选择以波长为 1 060 nm 的入射光分别照射在 80 nm、90 nm、106 nm 和 120 nm 这 4 个高度的占空比 $f=0.5$ 光栅。其他的参数均一致。此时可以得到 4 条透射率随入射光强变化的曲线,如图 3-20 所示。

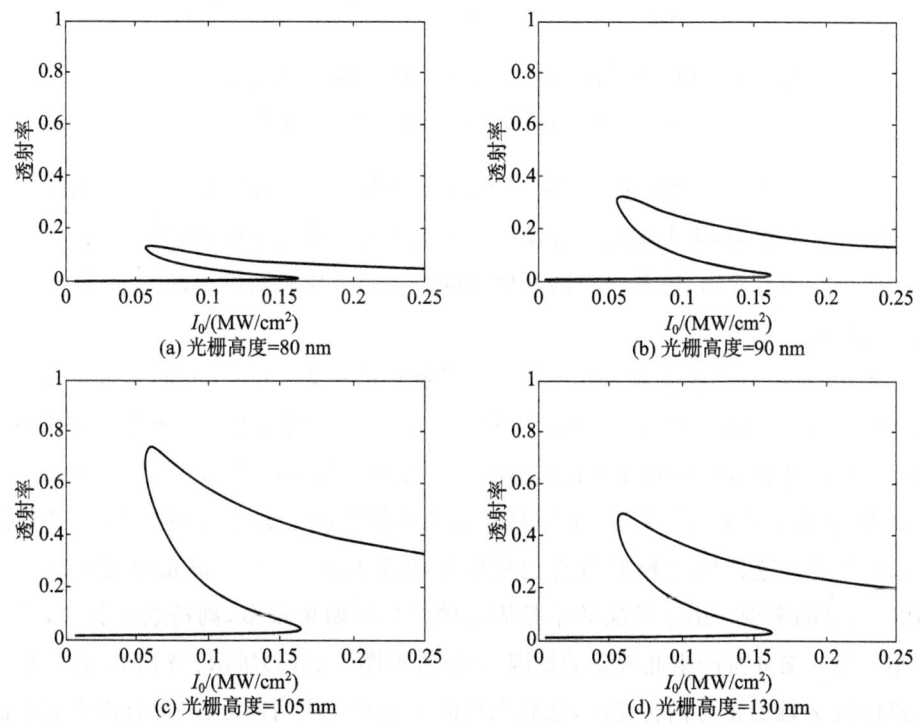

图 3-20 光栅高度分为 80 nm(a)、90 nm(b)、105 nm(c) 和 130 nm(d) 时的透射光学双稳

从图 3-20 中的 4 幅图比较来看，只有在低转换强度下的透射的值不同，其他的并未有改变。这说明光栅高度仅仅影响在 Kerr 介质与银光栅交界面处的 SPPs 的量的多少。由于转换效率是固定的，SPPs 如果量多，则透射率就大，反之则小。另外来分析产生此现象的原因，此过程如图 3-21(a)所示：当 SPPs 到达光栅的顶部时，再次激发并沿 z 轴方向传播下去；遇到光栅底部后分成两部分，一部分沿 x 方向继续传播，另一部分沿 z 轴反射回去；沿 z 轴传播的 SPPs 与沿 z 轴反射的 SPPs 进行干涉。因为 d_3 不同，所以产生干涉的条件不同，最终导致了透射光学双稳态的形状有所不同。

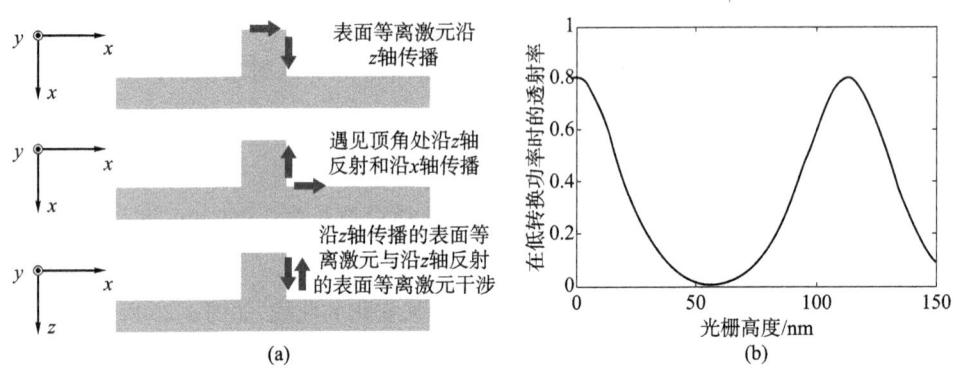

图 3-21　SPPs 沿 z 轴方向的耦合示意图(a)和入射光为 1 060 nm 时低转换强度时的透射率随光栅高度变化曲线(b)

为了进一步说明这是干涉现象产生，从 0 开始到 150 nm 每隔 1 nm 来计算一次透射光学双稳态，提取低转换强度处的透射率并连接成曲线，如图 3-21(b)所示。从图中可以明显看出，这是一条随光栅高度改变而呈现周期性振荡的曲线。由此，与上面的解释相吻合。

其次，讨论占空比 f 对输出的影响。选择以波长为 1 060 nm 的入射光分别照射在高度为 106 nm 的 0.5、0.6、0.725 和 0.75 这 4 个不同的占空比光栅。其他的参数均一致。此时可以得到 4 条透射率随入射光强变化的曲线，如图 3-22 所示。从图 3-22 中的 4 幅图比较来看，也是只有在低转换强度下的透射的值不同，其他的并未有改变。这说明光栅的占空比仅仅影响在 Kerr 介质与银光栅交界面处的 SPPs 的量的多少。由于转换效率是固定的，SPPs 如果量多，则透射率就大，反之则小。另外来分析产生此现象的原因，此过程如图 3-23(a)所示：当 SPPs 在光栅的凹槽内沿 x 轴的正方向传播时，遇到光栅的突起时分成两部分：一部分沿突起表面传播，另一部分沿 x 轴的负方向反射回去。反射回去的 SPPs 遇到沿 x 轴正方向

第 3 章 | 基于 Kretschmann 结构的光学双稳态研究及应用

传播的 SPPs 后进行干涉。因为 f 不同,所以产生干涉的条件不同,最终导致了透射光学双稳态的形状有所不同。

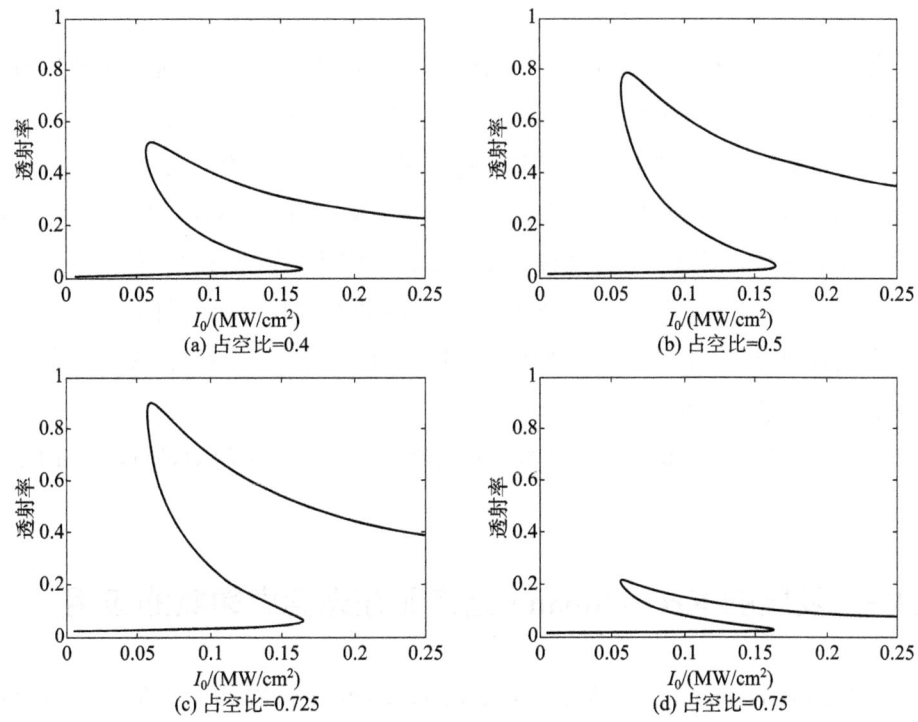

图 3-22 占空比分为 0.4(a)、0.5(b)、0.725 nm(c) 和 0.75 nm(d) 时的透射光学双稳态

为了进一步说明这是干涉现象产生,从 0.01 开始到 0.9 每隔 0.025 来计算一次透射光学双稳态,提取低转换强度处的透射率并连接成曲线,如图 3-23(b) 所示。从图中可以明显地看出,这是一条随 f 改变而呈现周期性振荡的曲线。由此,与上面的解释相吻合。

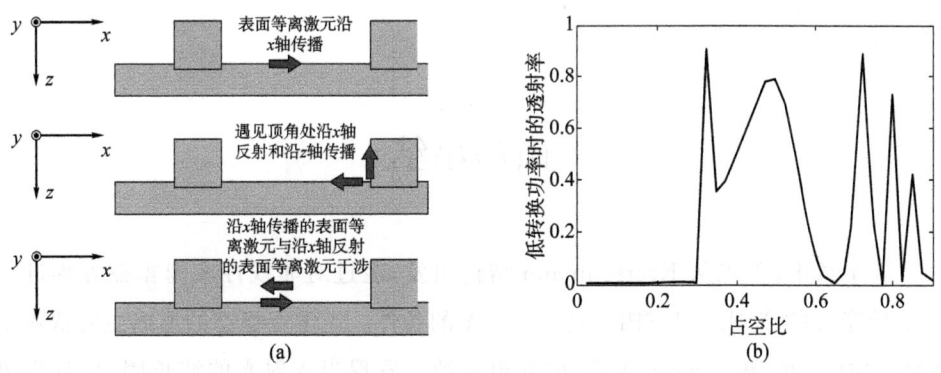

图 3-23 SPPs 沿 x 轴方向的耦合示意图(a)和入射光为 1 060 nm 时
低转换强度时的透射率随 f 的变化曲线(b)

3.4.4　Krestchmann 结构 Ⅰ 与 Ⅱ 的光学双稳态对比

把所设计的结构中的电介质Ⅰ、银薄膜Ⅰ和厚度为 d_4 的金属薄膜去掉后与此前的工作相同。对比此前的工作，新设计的结构性能有着诸多优点：

（1）外加的电介质Ⅰ与银薄膜Ⅰ是属于 SPPs 的产生结构。在此前的工作中，光栅结构直接充当了 SPPs 的工作。对比两种结构中，产生 SPPs 的效率上来看，Kretschmann 结构要高于光栅结构。而且，此后的操作完全是对 SPPs 进行调控。

（2）发展的光栅结构是对已经产生的 SPPs 进行调控。而先前的工作光栅的两部分调控效果完全没有。而且如果没有厚度为 d_4 的金属薄膜时，在另一维度上也失去了对 SPPs 的调控。

因此，发展的 Krestchmann 结构Ⅱ中各部分的作用分工明确，所以对 SPPs 有很好的调控作用。

3.4.5　发展的 Kretschmann 结构 Ⅱ 在光信息领域的应用

发展的 Kretschmann 结构Ⅱ与发展的 Kretschmann 结构Ⅰ类似。不同的是发展的 Kretschmann 结构Ⅱ的应用波长范围会变得比较宽广。这是由于银光栅的作用。经过上面的讨论，发现在光栅处激发的 SPPs 产生了干涉行为。因此，对不同的入射波长的光产生的 SPPs 在光栅处的干涉是不同的。在一定的入射波长条件下，总会找到一个银光栅结构使得在 Kerr 介质与银光栅表面处的 SPPs 量最大。所以，发展的 Kretschmann 结构Ⅱ可以在较宽的波长范围内实现强度与偏振分束器。

本章小结

在本章中，首先从 Kretschmann 结构出发，经过对非线性亥姆霍兹方程进行理论计算，讨论形成基于 SPPs 光学双稳态的条件。光学双稳态的形成主要依赖于 3 种介质（棱镜、银与 Kerr 介质）的介电常数。发现当入射光的波长固定，且当银薄膜厚度接近当前入射光波长的最佳厚度改变金属薄膜的厚度时，由于银薄膜把入射光转化成为SPPs的效率达到最高,双稳态形成效果最好且需要的输入光强度最小。与此同时由于Kerr介质的作用,SPPs共振角随入射光强的变化关系曲线也显现了双稳态现象。其次讨论了发展的Kretschmann结构Ⅰ的输出特点。发展的Kretschmann结构Ⅰ能够在反射与透射输出中均产生光学双稳态现象。最后,改进了发展的Kretschmann结构Ⅰ。使得在发展的Kretschmann结构Ⅰ中的银薄膜Ⅱ变成了银光栅。这个改进的结构同样能够在反射与透射输出中均产生光学双稳态现象。

本章参考文献

[1] GIBBS H M. Optical Bistability: Controlling Light with Light, Quantum electronics-principles and applications [M]. New York: Academic Press, 1985.

[2] NIHEI H, OKAMOTO A. Photonic crystal systems for high-speed optical memory device on an atomic scale[J]. Proc. SPIE 2001, 4416(1): 470-437.

[3] ASSANTO G, WANG Z, HAGAN D J, et al. All Optical Modulation via Nonlinear Cascading in Type II Second Harmonic Generation [J]. Appl. Phys. Lett. 1995, 67(15): 2120-2122.

[4] MAZURENKO D A, KERST R, DIJKHUIS J I, et al. Ultrafast optical switching in three-dimensional photonic crystals [J]. Phys. Rev. Lett. 2003, 91(21): 213903.

[5] ZHOU H C, CHEN X, HOU P, et al. Giant bistable lateral shift owing to surface-plasmon excitation in Kretschmann configuration with a Kerr nonlinear dielectric [J]. Opt. Lett. 2008, 33(11): 1249-1252.

[6] PRIEM G, DUMON P, BOGAERTS W, et al. Optical bistability and pulsating behaviour in Silicon-On-Insulator ring resonator structures [J]. Opt. Express 2005, 13(23): 9623-9628.

[7] WANG F Y, LI G X, TAM H L, et al. Optical bistability and multistability in one-dimensional periodic metal-dielectric photonic crystal [J]. Appl. Phys. Lett. 2008, 92(21): 211109.

[8] YANIK M F, FAN S H, SOLJACIC M. High-contrast all-optical bistable switching in photonic crystal microcavities [J]. Appl. Phys. Lett. 2003, 83(14):2739-2741.

[9] YANIK M F, FAN S H, Soljacic M, et al. All-optical transistor action with bistable switching in a photonic crystal cross-waveguide geometry [J]. Opt. Lett. 2003, 28(24):2506-2508.

[10] WURTZ G A, POLLARD R, ZAYATS A V. Optical bistability in nonlinear surface-plasmon polaritonic crystals [J]. Phys. Rev. Lett. 2006, 97(5):057402.

[11] MIN C J, WANG P, CHEN C C, et al. All-optical switching in subwavelength metallic grating structure containing nonlinear optical materials [J]. Opt. Lett. 2008, 33(8):869-871.

[12] SHEN Y, WANG G P. Optical bistability in metal gap waveguide nanocavities [J]. Opt. Express 2008, 16(12):8421-8426.

[13] ZHOU F, LIU Y, LI Z Y, et al. Analytical model for optical bistability in nonlinear metal nano-antennae involving Kerr materials [J]. Opt. Express 2010, 18(13):13337-13344.

[14] LARGE N, ABB M, AIZPURUA J, et al. Photoconductively loaded plasmonic nanoantenna as building block for ultracompact optical switches [J]. Nano Lett. 2010, 10(5):1741-1746.

[15] STEGEMAN G I, SEATON C T. Nonlinear surface plasmons guided by thin metal films [J]. Opt. Lett. 1984, 9(6):234-237.

[16] GUPTA S D, AGARWAL G S. Optical bistability with surface plasmons beyond plane waves in a nonlinear dielectric [J]. J. Opt. Soc. Am. B 1986, 3(2):236-238.

[17] WYSIN G M, SIMON H J, DECK R T. Optical bistability with surface plasmons [J]. Opt. Lett. 1981, 6(1):30-32.

[18] MAIER S. Plasmonics: fundamentals and applications [M]. New York: Springer, 2007.

[19] KRETSCHMANN E. The Determination of the Optical Constants of Metals by Excitation of Surface Plasmons [J]. Z. Physik, 1971, 241, 312-324.

[20] JOHNSON P B, CHRISTY R W. Optical constants of the noble metals [J]. Phys.Rev.B,1972,6(12):4370-4379.

[21] PANDE M B, GUPTA S D. Effects of saturation on optical bistability with coupled surface plasmons [J]. Pramana-J.Phys.1991,37(4):357-362.

[22] PESCHEL Th, DANNBERG P, LANGBEIN U, et al. Investigation of optical tunneling through nonlinear films [J].J.Opt.Soc.Am.B 1988,5(1),29-36.

[23] RAGUIN D H, MORRIS G M. Antireflection structured surfaces for the infrared spectral region [J].Appl.Opt.1993,32(7),1553-1167.

第4章
亚波长金属周期性孔阵列结构或单个亚波长金属孔结构的光学双稳态

4.1 引 言

在第 2 章只是简单地提到了 Ebbesen 等人发现当入射光照射在金属银的亚波长周期孔阵列时,产生了超强透射(也称透射增强,或者 Wood 现象[1])现象[2]。不同形状的亚波长金属结构的理论研究已层出不穷,能够在不同频率的范围内产生超强透射效应[3-8]。就现阶段的研究来看,超强透射现象已经作为一些亚波长金属结构所能实现的功能的一部分来研究。例如自聚焦效应中,当一束偏振光照射在孔分布不均匀的金属亚波长周期性孔阵列上,由于孔分布不均匀导致每个孔与孔中的介质形成的相对折射率不同,从而引起光程不同使得光聚焦在与结构有一定距离的某点处[9-14]。在整个过程不仅有自聚焦效应,还存在超强透射现象。与此同时,在两个纳米缝隙的其中一个填充三阶非线性材料后,当入射光从样品底部入射时,出射光线会由于光程差引起的干涉作用发生偏折,其正是 SPPs 透射增强效应。

在不同金属纳米结构中的光学双稳态开启了一个新的光学器件的分支。在基于 SPPs 光学双稳态的研究中,有些结构需要输入泵浦光,通过调节泵浦光来改变 SPPs 的激发环境[15,16]。同样地,也有些结构如平面板结构、纳米孔缝结构等由于电场在内部增强作用是不需要泵浦光的[17-19]。孔缝结构激发 SPPs 的方式与光栅类似,且对透射光的增强效果最为明显[8,20]。因此,将透射增强效应与光学双稳态效应同时应用在纳米光学器件中,具有重要意义。

|第 4 章| 亚波长金属周期性孔阵列结构或单个亚波长金属孔结构的光学双稳态

在本章中,采用金属的复合 Lorentz 模型,利用三维全矢量时域有限差分法(Finite Difference Time Domain,FDTD)方法以及有限元(Finite Element Method,FEM)方法,研究周期性金属纳米孔阵列、单个纳米孔以及纳米缝的光学双稳态效应。通过对所建立的模型进行分析,寻找 SPPs 光学双稳态产生的条件。并结合所设计的结构的自身特点,探索其新的应用。

4.2 亚波长周期性孔阵列的光学双稳态

4.2.1 计算模型与仿真

在本节中,将提出计算所用到的模型以及模型中的各部分参数。在银薄膜上刻上以 750 nm 为周期的空气孔阵列。银薄膜的尺寸为 3 750 nm×3 750 nm×150 nm,孔的大小为 675 nm×150 nm×150 nm,如图 4-1 所示。在空气孔中填入 Kerr 介质。Kerr 介质的参数为 $\varepsilon_3^l = 2.25$ 和 $\chi^{(3)} = 4.4 \times 10^{-17}$ m^2/V^2 [21]。入射光垂直照在样品表面上。入射光的沿 X 轴方向偏振。为了在 FDTD 仿真过程中能够清楚地描述整个结构,空间网格化的单位步长的大小至少应该小于 5 nm,于是为了提高精度选择 2.5 nm 作为空间网格化的单位步长。同时,也将原来系统默认的时间单位步长 1.667 82×10^{-17} s 改换为 4.17×10^{-18} s,目的是使已有空间网格化的单位步长与时间单位步长相匹配。银的介电常数模型采用复合 Lorentz 模型,具体参数如表 3-1(b)所示。这些参数足以囊括了所要讨论的所有的频率。综合考虑时间单位步长与空间网格化单位步长,可以评估到整个仿真过程在经历 30 000 个时间单位步长后收敛。因此,选择 35 000 个时间单位步长作为整个仿真过程的总时间。

首先,考虑纳米孔中的介质为空气时的透射谱,并找寻其中由 SPPs 引起的透射峰。其次,将空气孔中填充非线性介质来考察透射谱改变的情况。在本章中,逐渐改变线性介质的介电常数来处理非线性介质。在整个处理过程中,忽略了整个系统的响应时间,便于真正地处理问题。再次,引入响应时间,根据光学双稳态的形成机理,得到透射光强随入射光强变化的曲线。

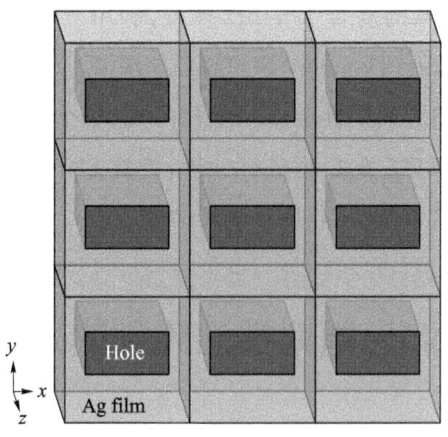

图 4-1　两类计算模型的示意图

4.2.2　计算结果与讨论

在上节阐述了所用的所有模型参数。因此,在本节,将上一节的模型利用三维时域有限差分方法进行仿真计算,最终得到一系列的透射谱,并根据透射进行分析局域 SPPs 的相互作用过程。

利用上节所提到的参数,首先得到孔中的填充物为空气时的透射曲线,如图 4-2 所示。从图 4-2 中可以看到有两个透射峰。入射光波长为 750 nm 左右的透射峰是由 SPPs 产生的;入射光波长为 1 750 nm 左右的透射峰是由空气孔形成的低品质因子共振腔所产生的。得到上述结论主要依据以下两个原因。

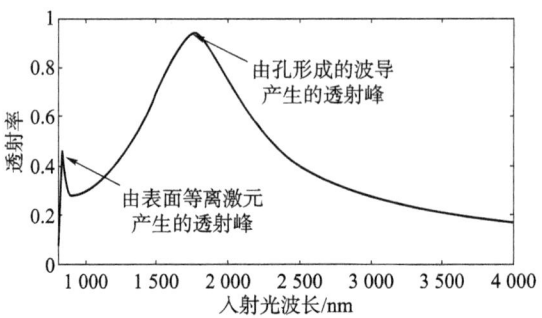

图 4-2　孔中填充物为空气时的透射曲线

(1) SPPs 的特点:可以突破衍射极限。在本节的模型中,孔的长度为 675 nm。从 SPPs 的特点来看,波长在 1 750 nm 左右的透射不可能是由 SPPs 产生的。

(2) SPPs产生的特点:SPPs周期性孔阵列的激发与光栅激发类似,都是靠周期性的结构来产生的SPPs(也称人造SPPs)。产生的SPPs的频率与金属结构的周期有关。因此可以判断入射光波长为750 nm左右的透射峰是由SPPs产生的,而入射光波长为1 750 nm左右的透射峰是由空气孔形成的低品质因子共振腔所产生的。于是下面将仅关注由SPPs产生的透射峰引起的光学双稳态。

考虑到Kerr介质在入射电场作用时的延迟效应,在仿真过程中需要计算响应时间。为此,利用变化的线性介质来代替Kerr介质,以减少响应时间对于整个系统仿真的影响。最后,通过对光学双稳态现象的分析,利用Kerr介质的响应时间代替整个系统的响应时间来完成光学双稳态过程。

分别将持续的入射光强I_in分别为0.003 W/cm²、1.9 kW/cm²和10.43 kW/cm²的情况下的Kerr介质填充到空气孔中,同时对结构进行仿真,得到了3条透射曲线,如图4-3所示。从图4-3中,可以看出透射率随入射光波长改变的趋势是相同的。唯一不同的是,由SPPs产生的透射峰的位置发生了红移。

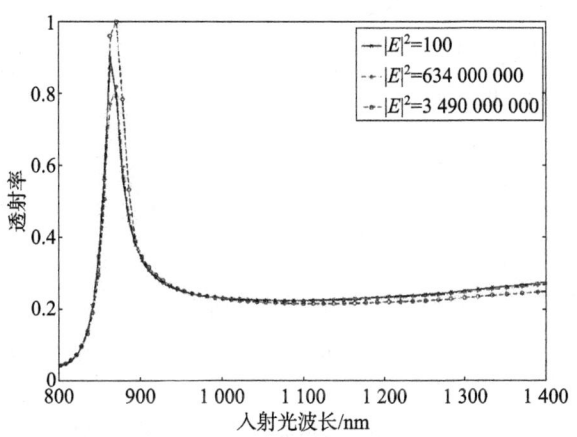

图4-3 孔中填充的Kerr介质在3个不同的输入场情况下的透射曲线

对于TM模式来讲,此类结构与金属-介质-金属结构类似。其色散关系曲线为[22]

$$\tanh k_1 a = -k_2 \varepsilon_1 / k_1 \varepsilon_2 \tag{4-1}$$

式中,$k_1 = (\beta - k_0 \varepsilon_1)^{1/2}$与$k_2 = (\beta - k_0 \varepsilon_2)^{1/2}$。$\beta$是SPPs的波矢。$\varepsilon_1$与$\varepsilon_2$分别是Kerr介质和银的介电常数。从该式可以很容易地知道在孔中介质的介电常数发生改变时,曲线的变化情况。也就是说,由式(4-1)可以得知透射峰红移的原因。在了解了改变孔中介质的电介常数时透射谱的变化规律后,可以根据Kerr介质的特点与双稳态形成的机理,利用描点法得到光学双稳态的曲线。

当入射光照在 Kerr 介质表面上改变 Kerr 介质介电常数时,需要有响应时间。也就是由于响应时间的存在,才能形成在入射光强增大与减小的两个过程中 Kerr 介质的介电常数改变量不同。也就是说,在入射光强增大与减小过程中,相同的入射光强对应的 Kerr 介质的介电常数不同。根据上述对光学双稳态成因的基本描述,可以知道如何对光学双稳态这一动态过程进行取点的描述。即,逐一地、线性地改变周期性孔阵列中介质的介电常数,将对应同一频率的透射率一一列出。按照上述过程将点进行排列连成曲线,可得到光学双稳态的曲线。

于是将入射光强变化范围限定在 $0\sim10.43\ \text{kW/cm}^2$ 之间。按照上述的描述过程可以得到以下 4 个频率的光学双稳态曲线,如图 4-4 所示。

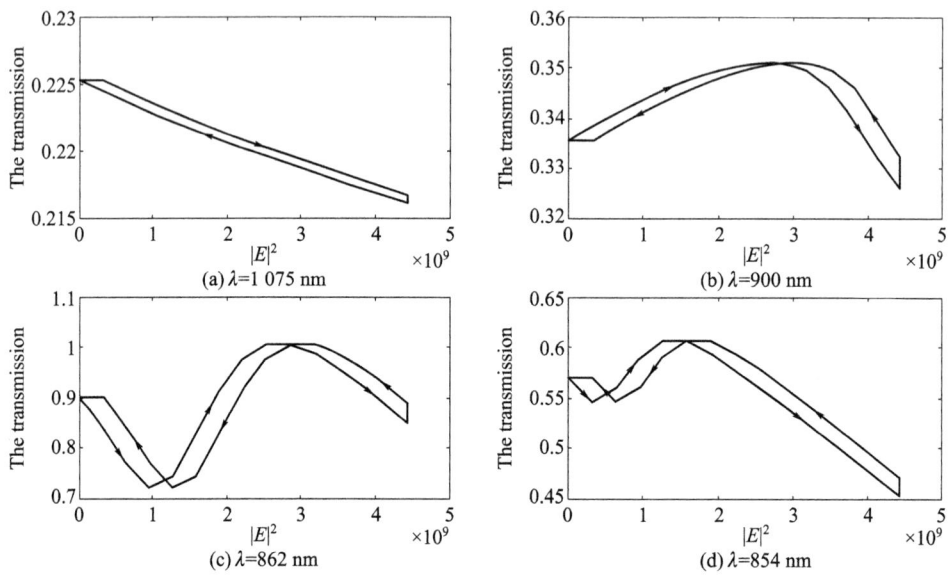

图 4-4　4 个不同入射波长的光学双稳态曲线

在图 4-4 中利用箭头将入射光强增大与减小时透射率变化的路径标示出来。可以清楚地看到入射光强增大与减小过程中,透射率变化完全是两个不同的过程。产生此种现象完全是由于 Kerr 介质在入射光场作用的情况下存在延时效应。如果改变入射光强变化的范围,那么透射率随入射光强的增大与减小的变化曲线会完全不同。从光学双稳态的过程来看,当光从一个稳态出发到达另一稳态的过程中,透射率是变化的。一旦状态固定,则输出固定,也就是透射率是固定的。因此,可以通过改变输入光强的变化范围来改变现有的光学双稳态的曲线。

从图 4-4 中还可以看出,每个光学双稳态的曲线中,透射率的最大值与最小值的差值都是不相同的。这是由于不同波长的光在周期性孔阵列中的作用是不同的。入射光波长对应透射峰的波长时,效果最好。从图 4-3 与图 4-4 中可以得出这样一条结论:透射率在入射光波长靠近透射共振峰的波长时,差值最大;透射率在入射波长远离透射共振峰的波长时,差值最小。

根据以上的讨论,可以看出,此类光学双稳态受限的参数比较多,想要以固定的器件来对特定的入射光强变化范围进行调控,实现起来相对较难。因此,在本章的后面将提出其他的结构来探讨他们的光学双稳态特性,同时也将发掘光学双稳态器件的新的应用方向。

4.3 "十"字形金属纳米结构的光学双稳态

本节中,将主要讨论由 4 个纳米棒按照一定方式排列组成的十字形并填充 Kerr 介质这一结构形成光学双稳态的机理以及此类结构将如何应用。

4.3.1 计算模型

将给出计算所用到的模型以及模型中的各部分参数。如图 4-5 所示,4 个纳米棒分别沿 x 与 y 轴方向排列,组成一个十字形结构。中间的孔中填充了非线性 Kerr 介质。Kerr 介质的参数为 $\varepsilon_3^l = 2.25$ 和 $\chi^{(3)} = 4.4 \times 10^{-17} \, \text{m}^2/\text{V}^2$[21]。沿 x 轴方向排列的纳米棒的长度是 l_1;沿 y 轴方向排列的纳米棒的长度是 l_2。入射光垂直照在样品表面上。入射光的偏振态与 x 轴方向夹角为 45°。为了在 FDTD 仿真过程中能够清楚地描述整个结构,空间网格化的单位步长的大小至少小于 5 nm,于是为了提高精度选择 2 nm 作为空间网格化的单位步长。同时,也将原来系统默认的时间单位步长 1.66782×10^{-17} s 改换为 4.17×10^{-18} s,目的是为了使已有空间网格化的单位步长与时间单位步长相匹配。银的介电常数模型采用复合 Lorentz 模型,具体参数如表 3-1(b)所示。这些参数足以囊括了所要讨论的所有频率。综合考虑时间单位步长与空间网格化单位步长,可以评估到整个仿真过程在经历 20 000 个时间单位步长后收敛。因此,选择 25 000 个时间单位步长作为整个仿真过程的总时间。

在本部分计算过程中,可以利用线性介质来代替孔中的非线性介质。这样的目的是忽略非线性介质的响应时间。在计算过程中逐渐地改变线性介质的折射率来描述非线性过程。通过对一系列仿真图形的物理含意进行量化描述，最终得出输出光强与输入光强的关系式，并得到了光学双稳态曲线。

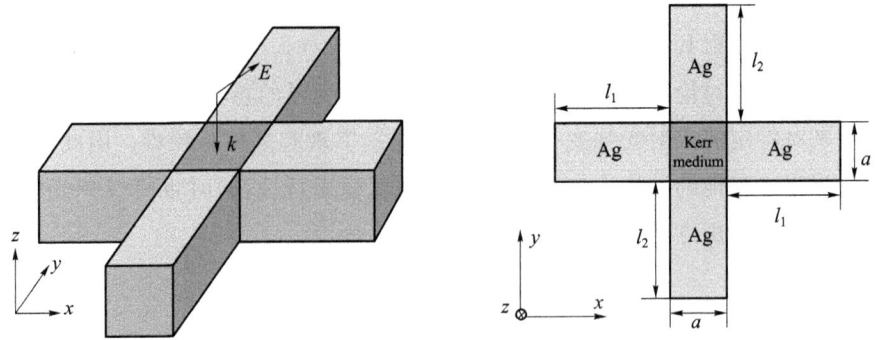

图 4-5　十字形的结构图

4.3.2　计算结果

在本部分计算中，定义沿 x 轴方向的偏振态为 TM 模式，沿 y 轴方向的偏振态为 TE 模式。首先设定 $l_1=l_2=60$ nm。经过 FDTD 仿真，可以得到十字形结构 TE 模式与 TM 模式的散射截面随入射光波长的变化曲线。由于此时 TE 模式与 TM 模式两个分量相同，且作用在相同的结构上，所以 TE 模式与 TM 模式的散射截面随入射光波长变化的曲线是相同。图 4-6 中可以看到仅有一个散射峰，并且这条曲线沿散射峰对称。这条曲线可以按照洛伦兹模型进行拟合[23]：

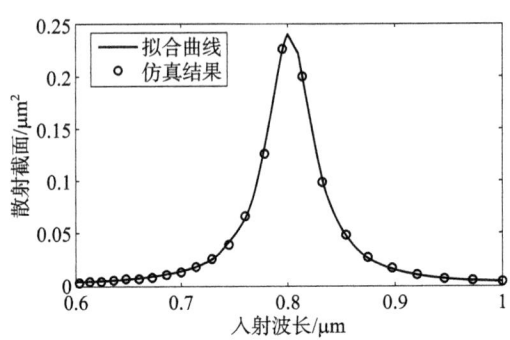

图 4-6　十字形结构 TE 模式与 TM 模式的散射截面随入射光波长的变化曲线

$$C_{sca}=\frac{2A}{\pi}\frac{w}{4(\lambda-\lambda_c)^2+w^2} \tag{4-2}$$

式中，A 为幅度，w 为半高全宽，λ 为入射波长，λ_c 为消光峰的波长。从图中可以得到这一组数据$(A, w, \lambda_c) = (0.019\ \mu m^3, 0.050\ 8\ \mu m, 0.802\ 3\ \mu m)$。为了处理非线性过程，需要了解金属纳米孔对不同偏振入射光下的光强放大效果(I/I_0)。于是选择了两个波长进行仿真来描述出光强在孔内的分布，如图4-7所示。

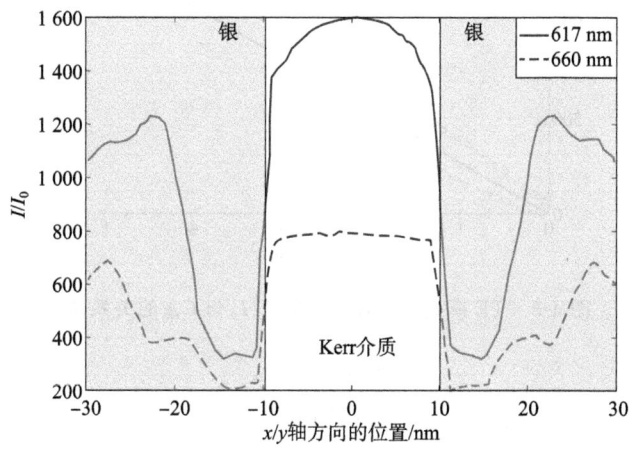

图 4-7　TE 模式与 TM 模式在不同方向光强增强因子分布

图 4-7 中在纳米孔中的光强的分布是均匀的。形成此部分的原因是在 x 轴方向与 y 轴方向上两个金属与 Kerr 介质的交界面产生的 SPPs 强度进行线性叠加。由于孔的沿 x 轴与 y 轴方向的长度较小，所以光强在孔中才形成了均匀分布的效果。一旦 x 轴与 y 轴方向的长度增大，则光强分布则会形成在孔的正中间最低，靠近金属与 Kerr 介质交界面处较高的效果。因为孔的尺寸较小，且 SPPs 存在很强的近场效应，所以在孔中入射光强被增大。从图 4-7 中仍可以观察到，散射峰所对应的波长在孔内对入射光增强的效果最好，其他的波长对入射光增强的效果不如散射峰所对应的波长。这是由于散射峰所对应的是 SPPs 激发效果最好的激发波长。因此在金属与 Kerr 介质交界面处产生的 SPPs 最多，对入射光强增大效果最好。由此，可以推断当入射波长逐渐远离散射峰所在的波长时纳米孔对入射光强增大的效果逐渐减小。对所选用的波长在孔内对入射光增强的效果分别进行了仿真，得到的结果如图 4-8 所示。

在不考虑入射波长时，可以得到 TE 模式与 TM 模式的 I/I_0 与 C_{sca} 的关系曲线。在图 4-8 中蓝色点代表消光峰左侧的点，红色点代表面消光峰右侧的点。由于散射截面曲线是沿散射峰呈现轴对称，所以对称的点产生 SPPs 的效果是相同的且对入射光增强的效果也是相同的。所以可以看到这两类点沿某一直线成轴对称效果。从此效果可以利用简单的线性效果来拟合[22]，其表达式：

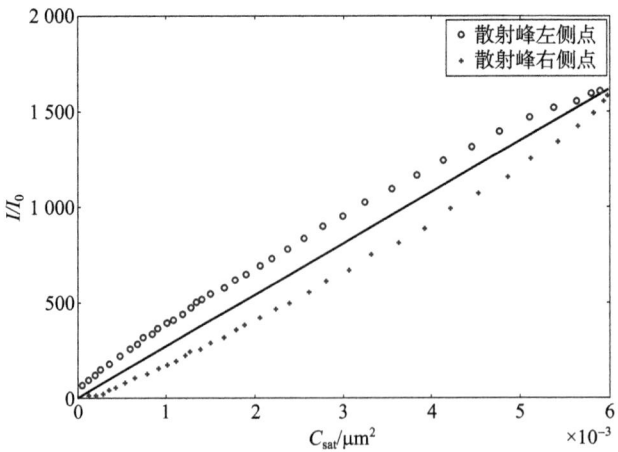

图 4-8　TE 模式与 TM 模式的 I/I_0 与 C_{ext} 的关系曲线

$$I/I_0 = \beta C_{sca} \tag{4-3}$$

式中，β 是常数，在此情况下 $\beta = 1.3 \times 10^5 \mu m^{-2}$。

在上述的结构中，散射峰的波长可以简单地通过调节纳米孔中的 Kerr 介质的折射率来改变。接下来研究散射峰随着 Kerr 介质折射率改变而发生的移动情况。此前讨论过纳米孔中光强的分布。在纳米孔中 Kerr 介质的折射率的分布是均匀的。因此，逐渐改变孔中的折射率并且进行仿真，所得的散射截面随入射光波长变化的曲线如图 4-9 所示。

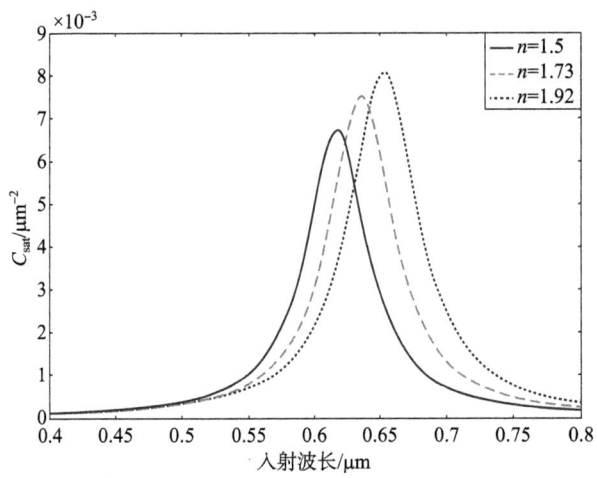

图 4-9　不同 Kerr 介质折射率下的散射截面随入射光波长变化的曲线

|第 4 章| 亚波长金属周期性孔阵列结构或单个亚波长金属孔结构的光学双稳态

从图 4-9 中来看,这些曲线的趋势相同。但是从图中可以看出散射峰随着折射率的增加发生了红移。分别在 x 轴与 y 轴方向形成了金属-介质-金属的三层波导。当介质的折射率增大的时候,通过对这个波导的色散关系曲线的描述,可以知道激发 SPPs 的波长发生了红移。因此介质的折射率增大时散射峰发生红移。将散射峰的位置提取出来与 Kerr 介质折射率对应起来,如图 4-10 所示。

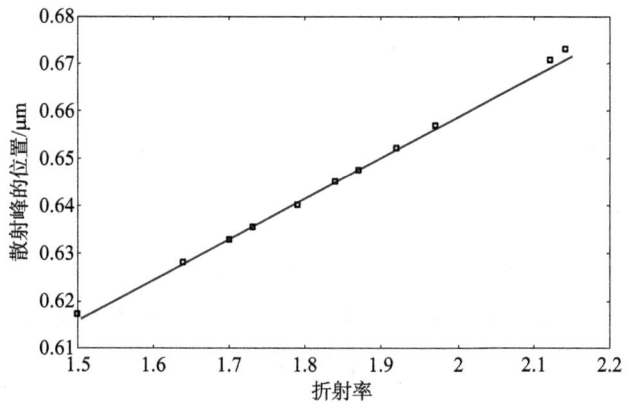

图 4-10 散射峰的位置随 Kerr 介质折射率变化曲线

从图 4-10 中可以看到黑点代表仿真所得到的数据,直线代表拟合出来的线。此处的仿真结果线性拟合得非常好。因此,散射峰的波长可以表示成:

$$\lambda_I = \lambda_c + \alpha n_2 I \tag{4-4}$$

式中,λ_I 为变化的散射峰的波长,α 为线性拟合的常数。此处 $\alpha = 0.0808\ \mu m$。分析到这里,总结一下在此前得到了结构的激发 SPPs 特性,进而对结构中的光强进行了描绘,然后改变其中 Kerr 介质的折射率,可以得到整个结构的改变过程。接下来将讨论最终的输出结果。考虑到光学双稳态指的是输入光强与散射光强的关系,把消光截面转换成散射光强 I_{sca}[22]:

$$I_{sca} = C_{sca} I_0 / S \tag{4-5}$$

式中,S 为计算区域的横截面,在这里 $S = 1\ \mu m^2$。于是将式(4-2)到式(4-5)结合起来可以得到:

$$I_0 = I_{sca} \frac{\pi}{2A} \frac{4(\lambda - \lambda_c - \alpha n_2 \beta I_{sca})^2 + w^2}{w} \tag{4-6}$$

从式(4-6)可以看出,I_0 是 I_{sca} 的三次函数。将式(4-6)中的所有参数代入,可以得到不同波长的 TE 模式和 TM 模式的 I_0 与 I_{sca} 的关系曲线,如图 4-11 所示。

选取了 4 个波长 810 nm、850 nm、920 nm、960 nm 来计算 I_0 与 I_{sca} 的关系曲

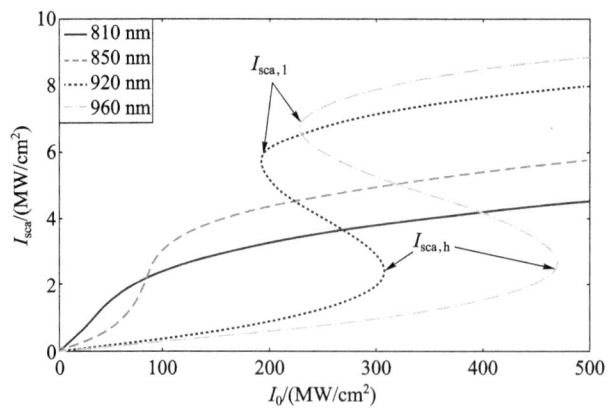

图 4-11　TE 模式与 TM 模式的 I_0 与 I_{sca} 的关系曲线

线。从图 4-11 中来看,波长为 810 nm 和 850 nm 的两条曲线并未形成光学双稳态,而 920 nm 和 960 nm 形成了光学双稳态。其中,在两条形成光学双稳态曲线中存在两个极值点,这两个极值点分别称为高转换强度($I_{sca,h}$)与低转换强度($I_{sca,l}$)。接下来,讨论在什么样的条件下才能产生光学双稳态。

通过对式(4-6)的描述,可以知道 I_0 是 I_{sca} 的三次函数。如果要形成光学双稳态,则必须有两个极值点。因此,要求得 I_0 对 I_{sca} 的一阶导数并令其为零,即 $dI_0/dI_{sca}=0$。要求得两个根,则它的根的判别式为

$$(4\alpha n_2\beta)^2[4(\lambda-\lambda_c)^2-3w^2]>0 \tag{4-7}$$

由于 α、n_2、β 是正数,所以必须满足 $|\lambda-\lambda_c|>\sqrt{3}w/2$ 时,有两个根。都知道,$n_2>0$ 且当 n_2 增加时,散射峰发生红移,因此有 $\lambda>\lambda_c+\sqrt{3}w/2$ 成立时,才能产生光学双稳态[22]。

上面内容已经从数学的关系式出发来阐述产生光学双稳态的形成了。从物理层面上,可以知道散射峰附近区域内不能产生光学双稳态。在入射光强较小时,散射峰附近区域内 SPPs 激发最大;一旦改变入射光强时,散射峰发生了移动,同时不能再次形成散射峰,因此不能产生两个稳定的过程。换句话说,一旦入射光强改变后,无论光强增大或减小,散射峰附近区域内不再形成极值点,所以也就不存在两个稳态转换的条件。因此在此附近波长范围内不能产生光学双稳态。由此,也可以求出高低转换光强:

$$I_{0,hl}=\frac{8\pi(\lambda-\lambda_c)^3}{27A\alpha n_2\beta w}\left[1\mp\sqrt{1-\frac{3w^2}{4(\lambda-\lambda_c)^2}}\right]\left[1+\frac{3w^2}{4(\lambda-\lambda_c)^2}\pm\frac{1}{2}\sqrt{1-\frac{3w^2}{4(\lambda-\lambda_c)^2}}\right] \tag{4-8}$$

|第4章| 亚波长金属周期性孔阵列结构或单个亚波长金属孔结构的光学双稳态

至此,将 $l_1=l_2=60$ nm 的情况下 TE 模式与 TM 模式所形成的光学双稳态进行了讨论。如果改变 y 轴方向上纳米棒的长度,由于 y 轴方向的散射特性改变会使得 TE 模式与 TM 模式形成的光学双稳态分离。在接下来的仿真计算过程中,仍然固定 $l_1=60$ nm,将 l_2 由 60 nm 变为 55 nm。按照上述所描述的方法,可以求得 TE 模式与 TM 模式的 I_0 与 I_{sca} 光学双稳态曲线。利用 FDTD 仿真方法,可以得到 TE 模式的参数 $(A,w,\lambda_c,\beta,\alpha)_{TE}=(0.018\ \mu m^3,0.049\ 4\ \mu m,0.781\ 8\ \mu m,3.91\times 10^4\ \mu m^{-2},0.077\ 1\ \mu m)$ 与 TM 模式的参数 $(A,w,\lambda_c,\beta,\alpha)_{TM}=(0.018\ \mu m^3,0.05\ \mu m,0.781\ 9\ \mu m,7.95\times 10^4\ \mu m^{-2},0.077\ 1\ \mu m)$。利用式(4-6),可以得到 TE 模式与 TM 模式的 I_0 与 I_{sca} 的关系曲线。利用上述的讨论方法,选取 4 个能够产生光学双稳态的波长:890 nm、920 nm、940 nm 和 960 nm。将这 4 个波长的曲线绘制成图,如图 4-12 所示。

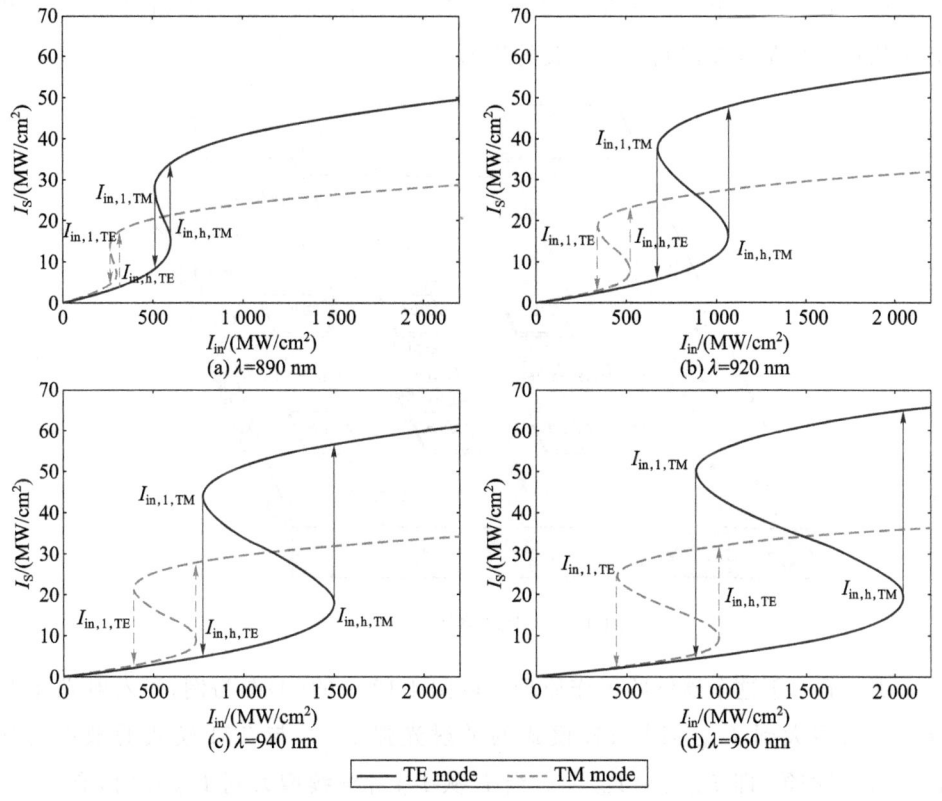

图 4-12 TE 模式与 TM 模式 4 个不同波长的光学双稳态曲线

从图 4-12 中的 4 幅图中可以看到 TE 模式与 TM 模式的曲线完全分开。这主要是因为金属纳米棒的大小改变了,从而改变了纳米棒的散射特性。散射特性改变导致纳米孔中局域光强的能力改变。改变孔中介质折射率后散射峰的移动等均发生了改变。因此使得 TE 模式与 TM 模式的曲线完全分开。

4.3.3 潜在应用

从图 4-12 中可以看到散射光强非常小。如果将散射光强与入射光强进行比较来看,此结构由于输入功率过大且输出过小不能够应用到实际中去。怎么样将所设计的结构在实际中有所应用才是应该多思考的问题。鉴于散射光强与入射光强相差悬殊,将 TE 模式与 TM 模式的光强进行比较,可以得到一个六路控制开关。

六路控制开关示意图如图 4-13 所示。将的计算结构放置在比较区,同时入射光只照射在比较区上。在比较区内收集 TE 模式与 TM 模式的散射光强,并将比较结构送至控制区以控制 6 个开关的状态。

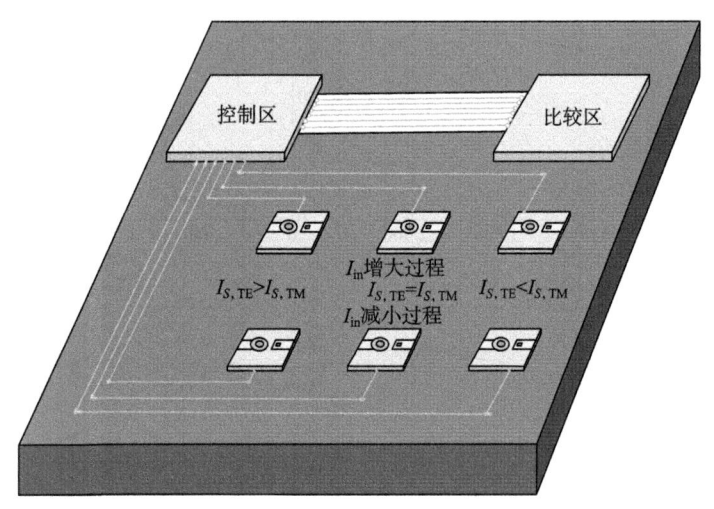

图 4-13 六路控制开关示意图

那么看一下这个器件的工作原理。以图 4-12 中的(d)图为例,当入射光强 I_0 从 0 开始增大到 $I_{0,h,TE}$ 时,TE 模式的散射光强 $I_{sca,TE}$ 与 TM 模式的散射光强 $I_{sca,TM}$ 近似相等,即 $I_{sca,TE}=I_{sca,TM}$。当 I_0 从 $I_{0,h,TE}$ 继续增大到 $I_{0,h,TM}$ 时,有 $I_{sca,TE}$ 小于 $I_{sca,TM}$,即 $I_{sca,TE}<I_{sca,TM}$。当 I_0 从 $I_{0,h,TM}$ 继续增大时,有 $I_{sca,TE}$ 大于 $I_{sca,TM}$,即 $I_{sca,TE}>I_{sca,TM}$。因此在光强增加过程中可以实现对 3 个开关的状态进行控制。当 I_0 减小的过程中同样也可以实现对 3 个开关进行控制。单一的光学双稳态由于输

出在入射光强增大与减小的过程中是不相同的,因此可以存在两个状态。所设计的结构就可以控制 6 个开关的状态,即在入射光强增大时控制 3 个开关状态,在入射光强减小时控制 3 个开关的状态。

4.4 单个纳米孔结构的光学双稳态

此前已经讨论了周期性孔阵列结构与纳米棒结构的光学双稳态的产生。与此同时根据它们的特点也讨论了各自的实际应用。如果将一个金属平板刻上一个纳米孔并将纳米孔中填充 Kerr 介质,此结构也能够产生光学双稳态。在本节中,将讨论两大类结构的光学双稳态。这两类结构分别是矩形金属纳米孔与复合的金属纳米孔。

4.4.1 计算模型

下面,将给出计算所用到的模型以及模型中的各部分参数。如图 4-14 所示,在一个 1 μm×1 μm×0.5 μm 的银薄膜上刻一个 100 nm×50 nm×500 nm 的矩形孔。在这个孔中填充 100 nm×50 nm×300 nm 的非线性 Kerr 介质。该 Kerr 介质的与孔的两端有 100 nm 距离。Kerr 介质采用 GaAs,入射光波长变化范围从 700 nm 到 1 200 nm 时,ε_3' 是从 13.824 5 变化到 12.265 7 且 $n_2 = 9.075\ 7 \times 10^{-12}\ m^2/W$[24]。入射光垂直照在样品表面上。入射光的偏振态与 x 轴方向夹角为 45°。为了在 FDTD 仿真过程中能够清楚地描述整个结构,空间网格化的单位步长的大小至少小于 5 nm,于是选择 5 nm 作为空间网格化的单位步长。同时,也将原来的系统默认的时间单位步长 1.667 82×10^{-17} s 改换为 4.17×10^{-18} s,目的是使得已有的空间网格化的单位步长与时间单位步长相匹配。银的介电常数模型采用复合 Lorentz 模型,具体参数如表 3-1(b)所示。这些参数足以囊括了所要讨论的所有频率。综合考虑时间单位步长与空间网格化单位步长,可以评估到整个仿真过程在经历 20 000 个时间单位步长后收敛。因此,选择 25 000 个时间单位步长作为整个仿真过程的总时间。

在本部分计算过程中,可以利用线性介质来代替孔中的非线性介质。目的是忽略了非线性介质的响应时间。此后,根据光学双稳态形成的机理,利用公式进行求解计算,得到输出的光强随入射光强变化曲线。

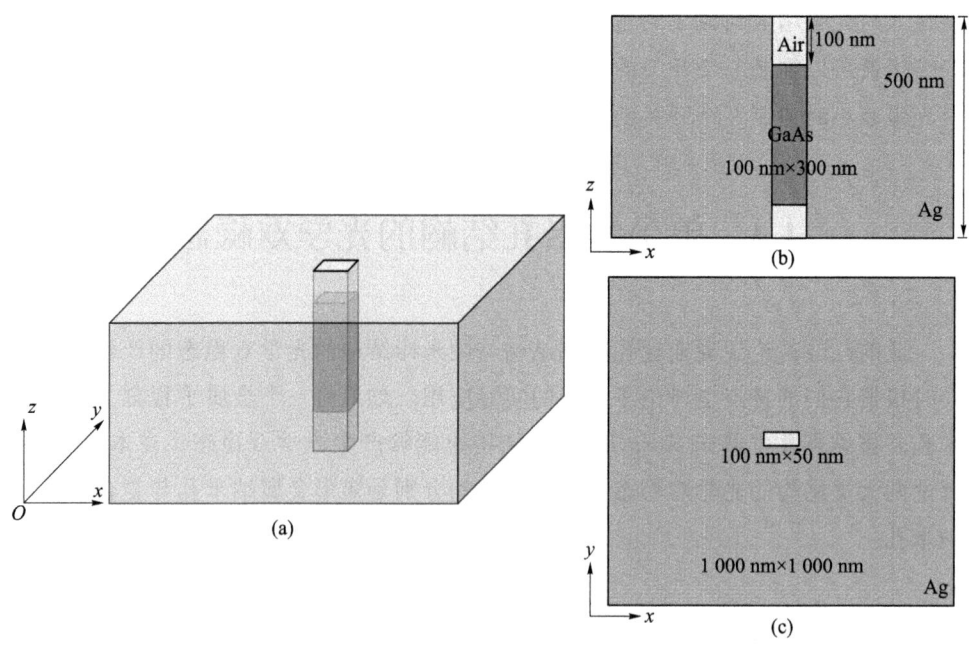

图 4-14 矩形金属纳米孔结构示意图(a)、xoz 平面切面图(b)和 xoy 平面图(c)

4.4.2 计算过程与结果

空气、Kerr 介质与银的介电常数分别用 ε_{air}、ε_{Kerr} 和 ε_m 表示。银-Kerr 介质-银结构形成了等离子共振腔,并且分别在 x 轴方向与 y 轴方向上在纳米孔中的 Kerr 介质层形成了两个镜面。因此,这个结构的作用与法布里-柏罗共振腔(Fabry-Perot 共振腔,简称 F-P 共振腔)的作用相同。在 F-P 共振腔中产生的光学双稳态是由于存在固有的光学 Kerr 效应而产生的[25]。对于一个常规的 F-P 共振腔的透射率 T 可以写成[26]:

$$T = \frac{1}{1 + F\sin^2[\varphi(I)/2]} \quad (4\text{-}9)$$

并且有:

$$T = AI/I_{in} \quad (4\text{-}10)$$

式中,A 是一个常数,与腔的长度、腔的吸收以及镜面的反射率有关。F 称为精细度,I_{in} 是入射光强,I 是在 Kerr 介质中的平均光强。φ 是光经过这个腔后相位的改变量,可以写成[27]:

第4章 亚波长金属周期性孔阵列结构或单个亚波长金属孔结构的光学双稳态

$$\varphi(I) = 2k_0 \mathrm{Re}(n_{\mathrm{eff}})L \tag{4-11}$$

式中,L 是腔长,k_0 为真空中的波矢,$\mathrm{Re}(n_{\mathrm{eff}})$ 是腔内 SPPs 相对于腔的有效折射率 n_{eff} 的实部,可以写成[28-30]:

$$n_{\mathrm{eff}} = \beta_{\mathrm{SPP}}(\varepsilon_{\mathrm{Kerr}})/k_0 \tag{4-12}$$

式中,β_{SPP} 可以利用金属-介质-金属结构的色散关系来求得。由于 n_{eff}^2 比 $\varepsilon_{\mathrm{Kerr}}$ 大很多,所以 n_{eff}^2 对 $\varepsilon_{\mathrm{Kerr}}$ 的改变量比较敏感[27]。因此纳米共振腔结构提供了一个可实行在小尺度非线性介质中以低入射功率来实现足够强的非线性响应的方法。在本部分计算中,定义电场沿 x 轴方向的偏振态为 TM 模式,沿 y 轴方向的偏振态为 TE 模式。于是,对所设计的结构进行仿真计算。改变入射光强,可以得到 TE 模式与 TM 模式的不同的透射谱,所得的结果如图 4-15 所示。

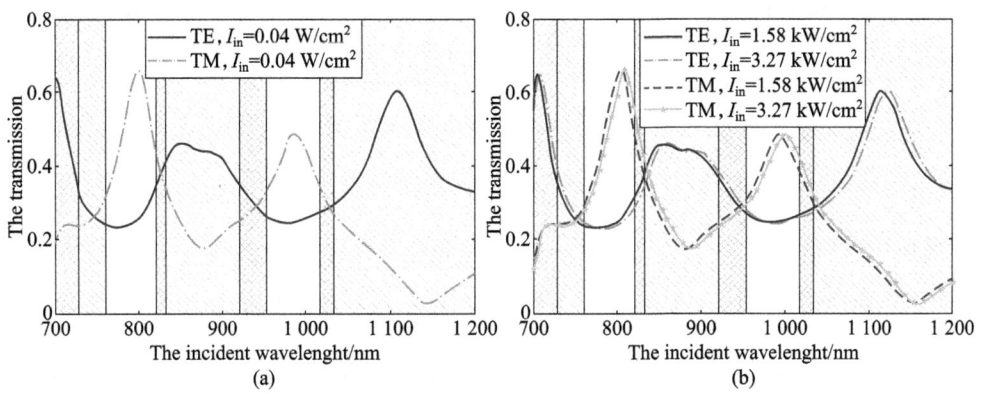

图 4-15 TE 模式与 TM 模式在 3 个不同光强下的透射谱

TE 模式与 TM 模式的在不同入射光强下的透射谱如图 4-15 所示。从图中可以看到,入射光经过金属纳米孔后有透射增强效应产生。在改变入射光强时,金属纳米孔中的 Kerr 介质的折射率也发生了改变。与此同时,对于 TE 模式或 TM 模式的透射峰来讲也发生了红移。这个与在本章开始讨论改变周期性孔阵列中介质的折射率时,透射峰发生了移动是相对应的。在图 4-15 中可以看到,在不同波长范围内,TE 模式的透射率与 TM 模式的透射率的关系是不同的。所以将整个透射率谱划分成为三类:第一类是 TE 模式的透射率远大于 TM 模式的透射($T_{\mathrm{TE}} > T_{\mathrm{TM}}$)用黑色斜线区域来表示;第二类是 TE 模式的透射率远小于 TM 模式的透射($T_{\mathrm{TE}} < T_{\mathrm{TM}}$)用白色区域来表示;第三类是 TE 模式的透射率与 TM 模式的透射接近($T_{\mathrm{TE}} \approx T_{\mathrm{TM}}$)用绿色斜线区域来表示。将从这 3 个区域选取一些点来讨论 TE 模式与 TM 模式所形成的光学双稳态的区别。

从上述的 3 个区域中挑选出 8 组数据,带到本节所用到的公式中去,最后可以得到透射光强随入射光强的变化曲线。分别选择波长 707 nm、875 nm 和 1 117 nm(黑色区域);797 nm 和 985 nm(白色区域);745 nm、941 nm 和 1 034 nm(绿色区域)时的 TE 模式与 TM 模式的透射率来绘制曲线,如图 4-16 所示。

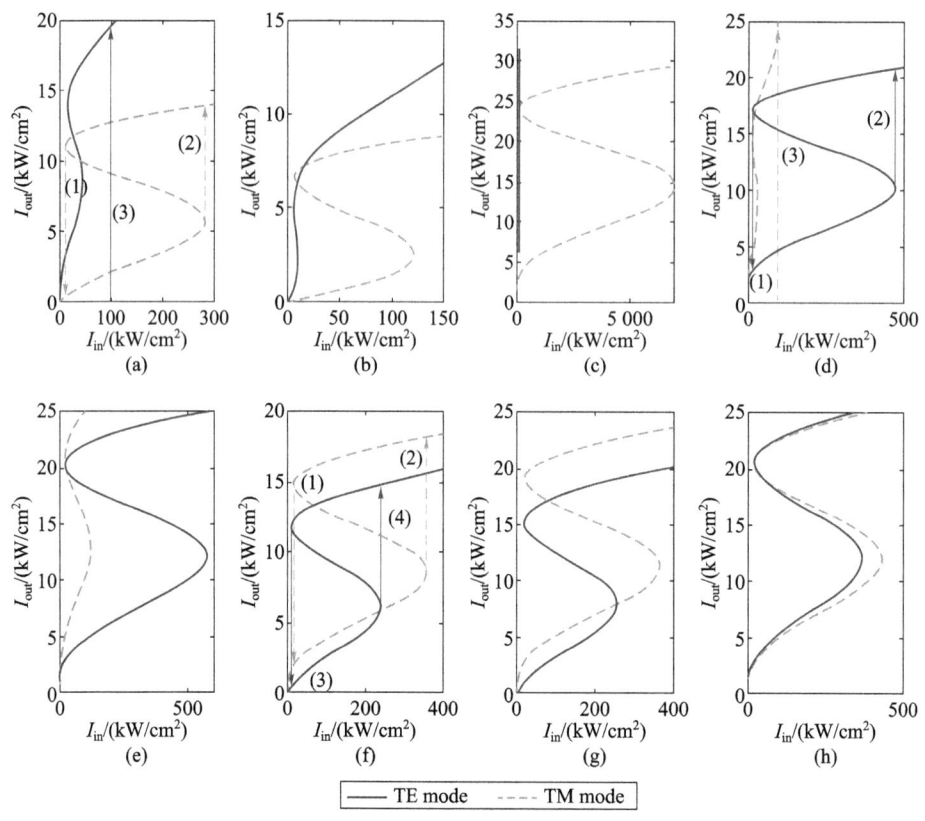

图 4-16　TE 模式与 TM 模式在 8 个不同波长下的光学双稳态曲线

从图 4-16 中可以看出 TE 模式与 TM 模式的输出曲线均形成了光学双稳态效果。在图 4-16(a)~(c)中,可以看到 TE 模式的光学双稳态曲线的入射光强变化范围比较小,而 TM 模式的光学双稳态曲线的入射光强变化范围比较大。这两个模式在相同频率下透射率不同,也就意味着这两个模式下 F-P 共振腔的精细度 F 不同。在 F-P 共振腔中,F 表示对某一波长的选择。F 越大则共振效果差,相应的输出较低。因此,在这 F 较大的情况下,要增加输入光强来使得输出光强有较为理想的输出。由于相同波长下两个模式的 F 存在较大的差别,所以两个模式的光学双稳态曲线完全分开。同理,在图 4-16(d) 和 (e) 中有 $F_{TE}>F_{TM}$ 因此可以看到

TE 模式的光学双稳态曲线的入射光强变化范围比较大,而 TM 模式的光学双稳态曲线的入射光强变化范围比较小。而在图 4-16(f)~(h)中有 $F_{TE} \approx F_{TM}$,所以这两个模式的光学双稳态曲线入射光强变化范围相近。尤其是在图 4-16(h)中,这两个模式的光学双稳态曲线在低转换光强处重合。这样两个模式的光学双稳态曲线不易分开,不利于应用在实际中。

4.4.3　潜在应用

从图 4-16 中可以看出,输出的光学双稳态图形与图 4-12 类似。因此,此结构也能够作为多路选择开关来使用。但是从图 4-16(a)~(e)中,可以看到 TE 模式与 TM 模式的光学双稳态分开的程度比较大。所以,将此结构探索一种新的应用领域——光学偏振分束器。

光学偏振分束器示意图如图 4-17 所示。这个偏振分束器是由两个完全相同的平板结构所组成了,Ⅰ与Ⅱ的差别仅是摆放的位置不同。Ⅱ就是将Ⅰ沿 z 轴方向旋转 90°。此时入射光从整个器件上方向入射(见红色箭头),端口 C 与端口 D 是输出光。这两个端口输出光的偏振态不同。图 4-16 的光学双稳态曲线图仅是Ⅰ的光学双稳态输出曲线。Ⅱ的光学双稳态输出曲线则与Ⅰ的光学双稳态输出曲线的模式恰好相反。也就是说Ⅱ的 TE 模式的光学双稳态输出曲线是图 4-16 中 TM 曲线,Ⅱ的 TM 模式的光学双稳态输出曲线是图 4-16 中 TE 曲线。以图 4-16(a)为例来说明这个器件的工作原理。在图 4-16(a)中,可以看到当入射光强从 0 开始增大时,当增大到 100 kW/cm²〔也就是直线(3)处〕时在端口 C 处的输出的 TE 模式的光强是 20 kW/cm²,TM 模式的光强是 2 kW/cm²。而在端口 D 处的输出的 TE 模式的光强是 2 kW/cm²,TM 模式的光强是 20 kW/cm²。此时端口 C 的输出

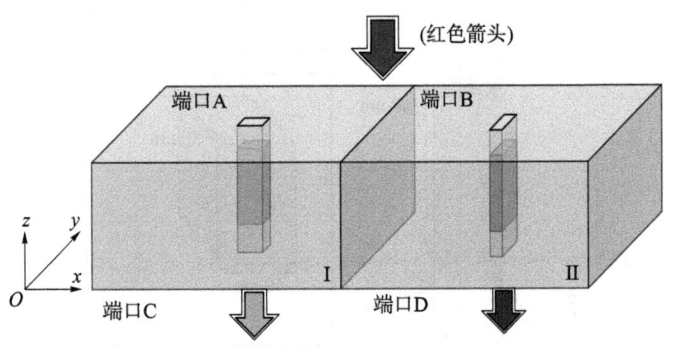

图 4-17　光学偏振分束器示意图

模式主要是 TE 模式而端口 D 的输出模式主要是 TM 模式。所以这个器件基本将两个偏振态分离开来,且输入光强较小。同理,将工作波长选择在图 4-15 中白色区域时,也能够将两个模式很好的分开。但是前面提到过,在图 4-15 中,绿色区域中,这两个模式的 F-P 腔的精细度相近,不容易发生分离。因此,在选择工作波长时,应避免选择此波段波长。

4.4.4 单个复合纳米共振腔的光学双稳态

上面仅讨论了在单一的纳米孔中放置 Kerr 介质的情况。此种结构可以在较小的输入情况下获得光学双稳态曲线。如果将结构进一步改进,通过新加入某些结构使得所设计的结构光学特性发生变化,从而改变输出的特点。

将图 4-14 模型在 z 轴方向上整体缩小了 100 nm,并将其中的孔的结构进行改进,将孔 xoy 截面由矩形改为了正方形,并将其上端的空气孔变为一个银-空气-银的三层复合结构,如图 4-18 所示。新加的两个银薄膜的尺寸为 10 nm×50 nm×50 nm。相应的在两个银薄膜中间加的空气的尺寸为 30 nm×50 nm×50 nm。其他的参数均不发生改变。

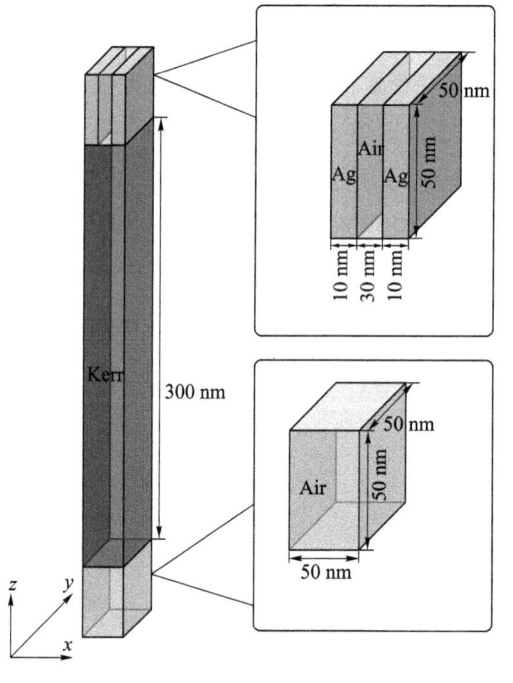

图 4-18 复合金属纳米共振腔结构的腔的示意图

|第4章| 亚波长金属周期性孔阵列结构或单个亚波长金属孔结构的光学双稳态

利用此前的讨论方法来计算这个结构的光学双稳态曲线。在其中遇到一个问题,就是在复合腔中,n_{eff}的计算问题。在上节的结构中,利用金属-介质-金属的色散关系就可以计算出n_{eff}来。但是在复合腔中,这两部分结构虽然是金属-介质-金属,但是结构大小有所变化。分别计算介质厚度是 50 nm 的金属-介质-金属结构的 $n_{eff,50\ nm}$ 与介质厚度是 30 nm 的金属-介质-金属结构的 $n_{eff,30\ nm}$。经过对比发现,$\Delta = |n_{eff,50\ nm} - n_{eff,30\ nm}|/n_{eff,50\ nm} \sim 0.1$。由于 $n_{eff,50\ nm}$ 的长度是 300 nm 而 $n_{eff,30\ nm}$ 的长度是 300 nm。于是可以采用近似的方法以 $n_{eff,50\ nm}$ 来代替 $n_{eff,30\ nm}$。按照上述讨论的方法,首先得到了整个结构在 3 个不同的入射光强下 TE 模式与 TM 模式的透射谱,如图 4-19 所示。

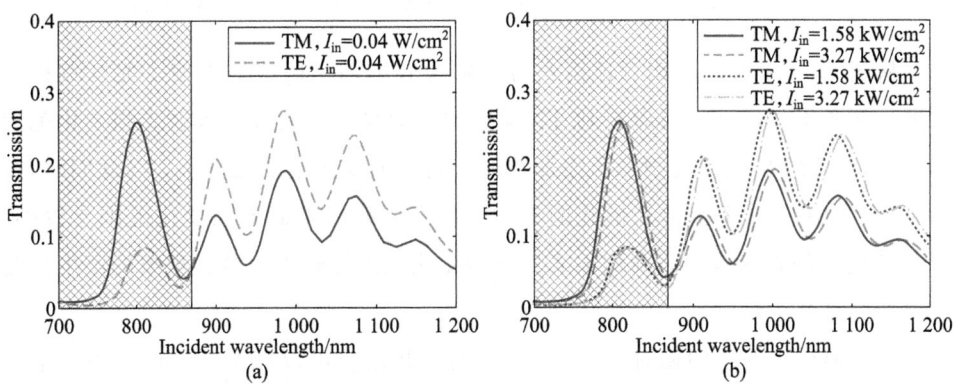

图 4-19 3 个不同的入射光强下复合金属纳米腔的 TE 模式与 TM 模式的透射谱

对比图 4-19 与图 4-15,可以看到这两幅图中有许多相同的现象产生,如:透射增强效应以及在改变孔中的折射率时,透射峰发生了红移现象等。与图 4-15 相比不同的地方是在图 4-19 中很彻底的分成了两个部分:TE 模式的透射率小于 TM 模式的透射率(黑色阴影区域)和 TE 模式透射率大于 TM 模式透射率部分(白色区域)。这是由于在孔的一端添加了一个银-Kerr 介质-银的结构,对入射的波长进行了再次选择。因此,这样的一个复合金属纳米共振腔使得 TE 模式与 TM 模式的透射率仅处在两种情况,且这两种情况下波长是连续变化的。这对于此结构的应用有极大的帮助。于是,将上述的参数带到公式中去,同样也可以得到光学双稳态的输出曲线。由于 TE 模式与 TM 模式的透射率的关系仅有两部分,且入射波长变化是连续的,仅从这两部分分别选取一个波长来绘制光学双稳态曲线。选取 800 nm(黑色区域)与 1 000 nm(白色区域)画出光学双稳态曲线,如图 4-20 所示。

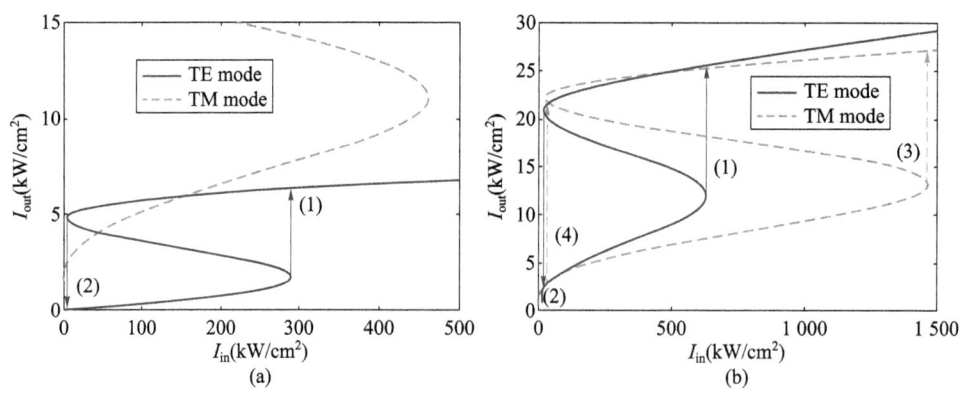

图 4-20　波长 800 nm 与 1 000 nm 的 TE 模式与 TM 模式的光学双稳态曲线

从图 4-20 中可以看出 TE 模式与 TM 模式的输出曲线均形成了光学双稳态效果。在图 4-20(a)中,可以看到 TE 模式的光学双稳态曲线的入射光强变化范围比较大,而 TM 模式的光学双稳态曲线的入射光强变化范围比较小。与此同时,在图 4-20(b)中,可以看到 TE 模式的光学双稳态曲线的入射光强变化范围比较小,而 TM 模式的光学双稳态曲线的入射光强变化范围比较大。这种现象的产生与此前讨论的完全一致。

与前面讨论的结构相对比,复合金属纳米共振腔可以减少 TE 模式的光学双稳态曲线与 TM 模式的光学双稳态曲线的重合度,扩大了所设计器件的工作波长范围,提高了器件的利用率。

本章小结

本章主要讨论了在金属纳米孔以及孔阵列中填充了 Kerr 介质产生光学双稳态效应的机理。本章中涉及 3 类结构,主要工作概括为:

第一类,对于孔过大的结构,以描点法来获得光学双稳态曲线。

第二类,对于小尺度的结构(整体结构在 200 nm 到 500 nm 之间,孔的尺寸小于 50 nm),由于难以区分金属纳米孔和孔以外的结构对输出的影响,只能将其结构整体输出的能量进行解析式的描述。

第三类,在传输方向上,如果能够形成 F-P 腔的结构,选择利用对基于 F-P 腔的光学双稳态的计算方法,计算所设计的结构。

| 第 4 章 | 亚波长金属周期性孔阵列结构或单个亚波长金属孔结构的光学双稳态

在整章内容中,选择利用线性介质来代替非线性介质,这样一来,有如下的好处:可以将介质在空间处理中认为是均匀的,为计算中建立模型减少了障碍;讨论的初期不受到阈值光强的限制;直接改变折射率可以准确地描述光强变化的规律。

本章参考文献

[1] WOOD R W. On a remarkable case of uneven distribution of light in a diffraction grating spectrum [J]. Proc. Phys. Soc. London. 1902, 18(21): 269-275.

[2] EBBESEN T W, LEZEC H J, GHAEMI H, et al. Extraordinary optical transmission through sub-wavelength hole arrays [J], Nature 1998, 391 (6668):667-669.

[3] BAI B F, LI L F, ZENG L J. Experimental verification of enhanced transmission through two-dimensionally corrugated metallic films without holes [J].Optics Letter 2005,30(18):2360-2362.

[4] MOLEN K L, KOERKAMP K J, ENOCH S, et al. Role of shape and localized resonances in extraordinary transmission through periodic arrays of subwavelength holes: Experiment and theory [J]. Phys. Rev. B 2005, 72 (4):045421.

[5] TAMMY K L, ALAN D B, HüBNER J, et al. Linear and nonlinear optical properties of Au-polymer metallodielectric Bragg stacks [J].J.Opt.Soc.Am.B 2006,23(10):2142-2147.

[6] PORTO J A, GARCIA-VIDAL F J, PENDRY J B.Transmission Resonances on Metallic Gratings with Very Narrow Slits [J].Phys.Rev.Lett.1999,83 (14):2844-2848.

[7] MIYAMARU F, HANGYO M.Strong enhancement of terahertz transmission for a three-layer heterostructure of metal hole arrays [J].Phys.Rev.B 2005,72 (3):035429.

[8] KLEIN-KOERKAMP K J, ENOCH S, SEGERINK F B, et al. Strong Influence of Hole Shape on Extraordinary Transmission through Periodic Arrays of Subwavelength Holes [J].Phys.Rev.Lett.2004,92(18):183901.

[9] ZHENG G G, CHEN Y Y, ZHANG C Y, et al. Beamfocusing from double subwavelength metallic slits filled with nonlinear material surrounded by dielectric surface gratings [J]. Photonics and Nanostructures - Fundamentals and Applications 2012, 10(4), 560-567.

[10] LI H, YAN L S, GUO Z, et al. Enhanced Focusing Properties Using Surface Plasmon Multilayer Gratings [J]. Photonics Journal, IEEE 2012, 4(1), 57-64.

[11] CHU M W, MYROSHNYCHENKO V, CHEN C H, et al. Probing Bright and Dark Surface-Plasmon Modes in Individual and Coupled Noble Metal Nanoparticles Using an Electron Beam [J]. Nano Lett. 2009, 9 (1):399-404.

[12] RADKO I P, BOZHEVOLNYI S I, EVLYUKHIN A B, et al. Surface plasmon polariton beam focusing with parabolic nanoparticle chains [J]. Opt. Express 2007, 15(11), 6576-6582.

[13] SEYOON K, YONGJUN L, JUNGHYUN P, et al. Optical beam focusing by a single subwavelength metal slit surrounded by chirped dielectric surface gratings [J]. Appl. Phy. Lett. 2008, 92(3):013103.

[14] LOPEZ-TEJEIRA F, RODRIGO S G, MARTIN-MORENO L, et al. Efficient unidirectional nanoslit couplers for surface plasmons [J]. Nature Physics 2007, 3(5), 324 - 328.

[15] BOZHEVOLNYI S I, VOLKOV V S, DEVAUX E, et al. Channel plasmon subwavelength waveguide components including interferometers and ring resonators [J]. Nature 2006, 440(7083):508-511.

[16] MIN C J, WANG P, CHEN C C, et al. All-optical switching in subwavelength metallic grating structure containing nonlinear optical materials [J]. Opt. Lett. 2008, 33(8):869-871.

[17] MIN C, WANG P, JIAO X, et al. Beam manipulating by metallic nano-optic lens containing nonlinear media [J]. Opt. Express 2007, 15(15), 9541-9546.

[18] VINCENTI M A, ORAZIO A D, BUNCICK M, et al. Beam steering from resonant subwavelength slits filled with a nonlinear material [J]. J. Opt. Soc. Am. B 2009, 26(2), 301-307.

[19] GIBBS H M, MCCALL S L, VENKATESAN T N C, et al. Optical bistability in semiconductors [J]. Appl. Phys. Lett. 1979, 35(6), 451-453.

[20] PORTO J A,GARCIA-VIDAL F J,PENDRY J B.Transmission Resonances on Metallic Gratings with Very Narrow Slits [J].Phys.Rev.Lett.1999,83(14): 2844-2848.

[21] CHEN J X,WANG P,WANG X L,et al.Optical bistability enhanced by highly localized bulk plasmon polariton modes in subwavelength metal-nonlinear dielectric multilayer structure [J]. Appl. Phys. Lett. 2009, 94 (3):081117.

[22] MAIER S A.Plasmonics:Fundamentals and Applications [M].New York: Springer,2007.

[23] ZHOU F,LIU Y,LI Z Y,et al.Analytical model for optical bistability in nonlinear metal nano-antennae involving Kerr materials [J]. Opt. Express 2010,18(13):13337- 13344.

[24] LIU Y,QIN F,ZHOU F,et al.Ultrafast and low-power photonic crystal all-optical switching with resonant cavities [J]. J. Appl. Phys. 2009, 106 (8):083102.

[25] GIBBS H M,MCCALL S L,VENKATESAN T N C,et al.Optical bistability in semiconductors [J].Appl.Phys.Lett.1979,35(6),451-453.

[26] MILLER D A B.Refractive Fabry-Perot Bistability with Linear Absorption: Theory of Operation and Cavity Optimizeion [J].IEEE J.Quantum Electron. 1981 QE-17(3),306-311.

[27] BOYD R W.Nonlinear Optics [M].New York:Academic,1992.

[28] KAMINOW I P, MAMMEL W L, WEBER H P. Metal-Clad Optical Waveguides:Analytical and Experimental Study [J].Appl.Opt.1974,13(2), 396-405.

[29] WANG B,WANG G P.Plasmon Bragg reflectors and nanocatives on flat metallic surfaces [J].Appl.Phys.Lett.2005,87(3),013107.

[30] SHEN Y,WANG G P.Optical bistability in metal gap waveguide nanocavities [J]. Opt.Express 2009,16(12):8421-6426.

第 5 章
一维基于金属纳米颗粒二聚体阵列中的非寻常吸收效应与热点效应研究

5.1 研究背景

金属纳米颗粒与光相互作用可以产生局域表面等离激元(Localized Surface Plasmons,LSPs)。LSPs 能将入射光场强度放大若干倍,尤其当入射波长靠近单个金属纳米颗粒共振附近 LSPs 对入射光场放大效应最强。基于此特点,将两个形状、材料、大小相同的金属纳米颗粒相邻放置,通过入射光场的作用,可以导致电荷在金属纳米颗粒二聚体之间重新分布,使得金属纳米颗粒之间的缝隙中电场强度达到最强,这类效应通常称为热点效应(Hotspots)[1-17]。

对于热点效应的产生,有许多的方法。比如,将两个金属纳米球形颗粒靠在一起(二聚体结构),使其间距变得较小(6 nm)。在入射光照射在两个金属纳米颗粒时,在两个颗粒表面均产生了 LSPs,与此同时,两个颗粒之间产生进一步的耦合作用,从而把入射电场强度再次放大。同样,金属纳米颗粒的形貌对热点效应也有影响。人们把两个三角形金属纳米颗粒尖端相对放置(称为领结型结构),使其尖端距离比较小,亦能够产生热点效应。

一般认为,近场效应的耦合作用使得热点效应产生。但是长程的相互作用也影响了热点效应的产生情况。长程的相互作用,形成了一个集体的共振效应,也能够对作用在结构单元上的入射场进行调制。人们主要从集体共振上出发,研究集体共振是怎么样作用的[18-23]。比如,在一个金属薄膜上,刻有周期性的孔阵列,亦或刻有光栅结构,此时能产生一个集体的共振峰(如透射峰、反射峰等)。此类集体作用也会对孔中的电场强度或光栅中的电场强度有所影响。目前,人们对于集体结构中的长程作用主要集中在色散关系曲线、透射谱、反射谱之类的方向进行研究[24-29]。近些年来,对于集体作用对热点效应的影响也有一些研究。比如二维领结型结构,在特定的晶格常数下,能够进一步将入射的电场强度进行放大。对于一维纳米结构单元中,也能产生较为强烈的热点效应。这些工作零散地将有关的内容进行了研究,并没有对影响热点效应的特点进行详尽的说明。

对于一维金属纳米颗粒链来说,每个单元均能产生 LSPs。与此同时,由于近场与远场的作用,LSPs 能够在一维金属纳米颗粒链之间进行传播[30-35]。它显示了很强的波导特性,并且这一特性从理论上与实验上均已经给予了证明。一维纳米颗粒链在被入射光整体照射时,在特定的晶格常数与特定的偏振态下产生了一种集体效应,这个集体效应表现为在特定的晶格条件下,一维金属纳米颗粒链的吸收谱表现为吸收峰达到最强,并且此时的吸收谱比较窄,如图 5-1 所示[19]。

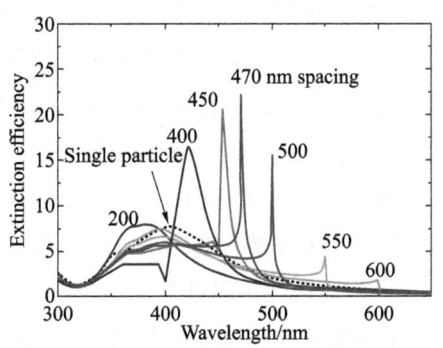

图 5-1 两类摆放方式的一维单个金属纳米颗粒二聚体链

图 5-1 所示的结构为一维单个金属纳米颗粒链,此时的入射光偏振态为垂直于金属纳米颗粒链。从图中,可以看到当晶格常数为 470 nm 时,此时的吸收峰值最大,且谱宽比较窄。这种现象被称为异常吸收现象。此现象主要来源于各个单元作用中相位的叠加产生相消而产生的。

热点效应同样存在于紧凑的金属纳米颗粒阵列之中[36]。在过去的几年里,关于金属纳米颗粒二聚体阵列的研究工作已经完成了很多。一维与二维的金属纳米颗粒二聚体阵列中存在较强的电场增强效应[37,38]。在金属银纳米壳窍二聚体结构中,仍然有很强的电场增强效应,并且应用在表面增强拉曼散射中(Surface Enhanced Raman Scattering,SERS)[39,40]。同时,对于二聚体的形状也做了进一步的改进,如领结型二聚体结构等[41-43]。尽管此前有诸多关于金属纳米颗粒二聚体阵列的工作,对于体系中各部分的参数内容对光学响应的影响,并未进行深入探讨。

鉴于此前的有关热点效应研究与集体效应研究的情况,有必要对于这两者之间的关联进行进一步的研究。从最简单的模型出发,研究一维金属纳米球形颗粒二聚体结构的异常吸收对热点效应的影响,研究其产生的机理,以及各部分参数对吸收谱/电场强度放大倍数的影响。从而探寻其中的规律,并根据光学响应的特点,设计出新型纳米光学器件原型。

5.2　计算模型

将两个大小与材料相同的纳米颗粒紧邻排列,组成模拟中所需要的单元结构。金属纳米颗粒的半径为 R,两个颗粒之间的距离为 d。将这个单元按照两种不同方式进行排列,一类是金属纳米颗粒二聚体的长轴垂直于纳米颗粒链(Model A),另一类是金属纳米颗粒二聚体的长轴平行于纳米颗粒链(Model B),如图 5-2 所示。纳米颗粒链的周期为 l。选择银作为纳米颗粒的材料,其介电常数随波长变化取自文献[44]。利用时域有限差分法(Finite-Difference Time-Dominate method,FDTD)获得体系的吸收谱。在这类结构仿真中,由于假定纳米颗粒链是无限长的,在纳米颗粒链方向上,采用周期性边界条件。另外两个维度上受用吸收边界条件。在金属纳米颗粒二聚体缝隙的正中间,作为 Hotspot 的探测点。

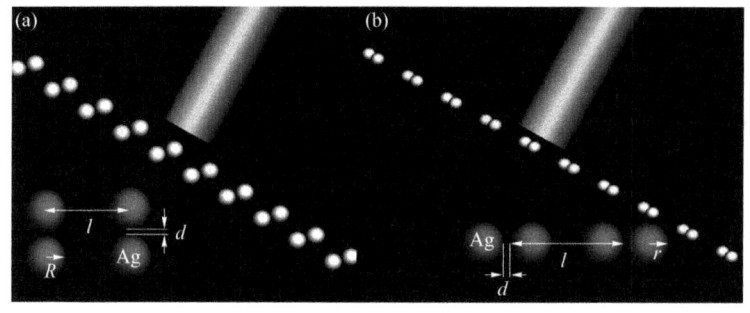

图 5-2　两类摆放方式的一维纳米颗粒二聚体链

基于一维纳米颗粒链能够产生非寻常吸收条件的基础上,选择 Model A 来作为最先考虑的模型。为了有较强的 Hotspot 效应,入射光的偏振态为垂直于纳米颗粒链。其他参数为 $R=50$ nm,$d=10$ nm,$l=500$ nm,600 nm,700 nm。通过

第 5 章 一维基于金属纳米颗粒二聚体阵列中的非寻常吸收效应与热点效应研究

FDTD 仿真可以得到吸收谱,如图 5-3 所示。与此同时,单个金属纳米颗粒二聚体的吸收谱也同样在图表中显示。

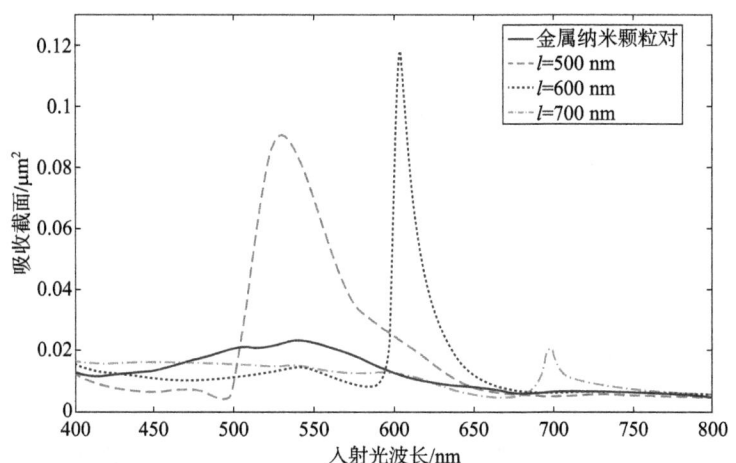

图 5-3 单个金属纳米颗粒二聚体与 3 个不同晶格常数的一维金属纳米颗粒二聚体链的吸收谱

如图 5-3 所示,单个金属纳米颗粒二聚体的吸收谱线是一个较为宽的谱线,且幅值较低。其共振峰的位置在 530 nm 附近,且半高全宽大约为 100 nm。一维金属纳米颗粒二聚体链的吸收谱线随晶格长数变化大有不同。随着晶格常数从 500 nm 增加到 600 nm 时,吸收峰的谱宽从 50 nm 变化为 20 nm。吸收峰值强度增加。晶格常数从 600 nm 增加到 700 nm 时,吸收谱宽变宽,且峰值剧烈下降。因此,可以判定,在 $l=600$ nm 时,由于谱宽较窄,吸收峰强度最高,金属纳米颗粒二聚体链产生了异常吸收效应。产生这种效应是由于组成结构的单元与结构的整体相互作用的结果。

对于晶格之间的相互作用,可以利用偶极近似的方法以求得个个点阵对单元的影响。令晶格作用的表示符号为 S,那么利用偶极近似的方法可以得到[21]:

$$S = \sum_{\text{dipoles}} e^{ikr} \left[\frac{(1-ikr)(3\cos^2\theta - 1)}{r^3} + \frac{k^2 \sin^2\theta}{r} \right] \quad (5-1)$$

式中,k 为介质中的波矢,r 为其他格点到单元之间的距离,θ 为入射光的偏振态。从表达式中可以看出来,在 $\sin\theta \neq 0$ 时,该求得表达式发散。与此对应的频率点即为吸收谱的吸收谷的位置。特此,分别选择 $l=500$ nm 与 $l=600$ nm 时,计算 S,所得曲线如图 5-4 所示。

从图 5-3 中,可以看出,无论是 $l=500$ nm 还是 $l=600$ nm 时,对于 S 的实部,都有一个极度上升的尖峰。这个峰的峰值受到计算颗粒个数的影响。对于 S 的虚部,可以看到在晶格长度的位置上产生了跳变。因此,在晶格位置上,产生了吸收谷。

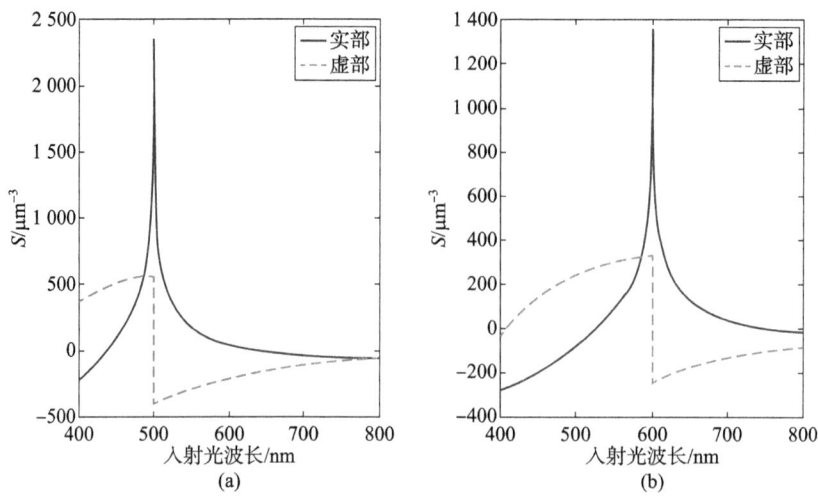

图 5-4　两个不同晶格 $l=500$ nm(a)与 $l=600$ nm(b)的 S 的实部与虚部

接下来介绍一维金属纳米颗粒二聚体链的吸收峰的位置的确定。吸收峰的位置主要是由单元个体的极化率(Polarizability,α)与晶格共同确定的。对于单个颗粒的 α,利用偶极近似的方法可以得到[45]:

$$\alpha=\frac{1-\left(\frac{1}{10}\right)(\varepsilon+\varepsilon_0)x^2}{\frac{4\pi}{V}\left(\frac{1}{3}+\frac{\varepsilon_0}{\varepsilon-\varepsilon_0}\right)-\frac{4\pi}{30V}(\varepsilon+10\varepsilon_0)x^2-\mathrm{i}\frac{2}{3}k^3} \tag{5-2}$$

式中,V 为金属纳米颗粒的体积,ε 为金属的介电常数,ε_0 为背景材料的介电常数,$x=\pi R/\lambda_0$。

对于金属纳米颗粒二聚体之间的相互作用,可以引入一个特殊量来帮助描述 $\widetilde{G}_k(x_n^A,x_n^B)$(或 $\widetilde{G}_k(x_n^B,x_n^A)$)。假定一个金属纳米颗粒二聚体是由 A 与 B 两个金属颗粒组成的。对于 A(或 B)来说,它在直角坐标系中的位置可以表示为 $r_A=(x_n,0,R+d/2)$〔或 $r_B=(x_n,0,R-d/2)$〕。A(或 B)可以看作是在 z(或 z')的位置上由多个圆盘组成的,厚度为 $\mathrm{d}z$。假定 A(或 B)中的每一个圆盘的偶极动量为 $\mathrm{d}\boldsymbol{p}_A(z)=pS(z)\mathrm{d}z\boldsymbol{z}$(或 $\mathrm{d}\boldsymbol{p}_B(z')=pS(z')\mathrm{d}z'\boldsymbol{z}$)。其中,$p$ 是偶极动量密度,$S(z)$〔或 $S(z')$〕是在 z(或 z')位置的圆盘的面积。$\boldsymbol{z}$ 是单位矢量。因此,A(或 B)的动量为 $\boldsymbol{P}_A=\int\mathrm{d}\boldsymbol{p}_A$(或 $\boldsymbol{P}_B=\int\mathrm{d}\boldsymbol{p}_B$)。A 与 B 之间的相互作用可以利用下面的表达式来描述:

$$\widetilde{G}_k(x_n^A, x_n^B) = \widetilde{G}_k(d)$$
$$= \iint dz dz' d\boldsymbol{p}_A(z) \cdot \{[3\boldsymbol{z}(\boldsymbol{z} \cdot d\boldsymbol{p}_B) - \boldsymbol{p}_B]\left(\frac{1}{r^3} - \frac{ik}{r^2}\right)e^{ikr}\}/(|\boldsymbol{P}_A||\boldsymbol{P}_B|) \quad (5\text{-}3)$$

式中，$r = |z - z'|$。因此，利用上述因子可以将金属纳米颗粒二聚体链的相互作用描述出来。

对于金属纳米颗粒二聚体链中，将一列标注为 A_n 另一列标注为 B_n。那么对于两列颗粒的相互作用可以写成：

$$P_{A_n} = \alpha \Big[E_0 + \sum_{n' \neq n} G_k(x_n^A, x_{n'}^A) P_{B_{n'}} + \sum_{n' \neq n} G_k(x_n^A, x_{n'}^B) P_{A_{n'}} + \widetilde{G}_k(x_n^A, x_n^B) P_{B_n} \Big]$$
(5-4a)

$$P_{B_n} = \alpha \Big[E_0 + \sum_{n' \neq n} G_k(x_n^B, x_{n'}^B) P_{B_{n'}} + \sum_{n' \neq n} G_k(x_n^B, x_{n'}^A) P_{A_{n'}} + \widetilde{G}_k(x_n^B, x_n^A) P_{A_n} \Big]$$
(5-4b)

式中，$G_k(x_n^A, x_{n'}^B)$ 是描述在 nl 位置上的金属纳米颗粒 A_n 与 B_n 之间的远场相互作用，同时 $G_k(x_n^A, x_{n'}^A)$ 是描述在 nl' 位置上的金属纳米颗粒 A_n 与 A_n' 之间的远场相互作用。$G_k(x_n^A, x_{n'}^B)$ 与 $G_k(x_n^A, x_{n'}^A)$ 之间的关系：

$$G_k(x_n^A, x_{n'}^B) \approx G_k(x_n^A, x_{n'}^A) = G_k(|x_n^A - x_{n'}^A|) \equiv G_k(ml) \quad (5\text{-}5)$$

式中，$m = n - n'$。对于不同的偏振，$G_k(ml)$ 有两种表达式：

$$G_k(ml) = \left(\frac{k^2}{|ml|} + \frac{ik}{|ml|^2} - \frac{1}{|ml|^3}\right) e^{ik|ml|}, \text{偏振态平行于链方向} \quad (5\text{-}6a)$$

$$G_k(ml) = \left(-\frac{2ik}{|ml|^2} + \frac{2}{|ml|^3}\right) e^{ik|ml|}, \text{偏振态垂直于链方向} \quad (5\text{-}6b)$$

式中，S 的另一种表达方式也可以写成 $S(k) = \sum_{m>0} 2G_k(ml)$。因此将式(5-4)中的两个表达式进行求和，合并化简为

$$P_A + P_B = E_0 \alpha^* = E_0 / [1/2\alpha - S(k) - \widetilde{G}_k(d)/2] \quad (5\text{-}7)$$

可以利用 α^* 来描述体系的吸收谱。利用吸收截面公式 $C_{abs} = k * \text{Im}(\alpha^*)$ 可以计算出吸收谱。为了与此前计算进行对比，计算单个金属纳米颗粒二聚体与 3 个不同晶格（$l = 500$ nm，600 nm，700 nm）的一维金属纳米颗粒二聚体链的吸收，如图 5-5 所示。

对比图 5-5 与图 5-3，两幅图中，对比两种方法计算出的曲线峰值与谱宽，可得两类计算相似程度极高。由此，可以说明偶极近似理论方法适用于的仿真分析中。对于峰值的位置，是由 $\text{Re}[1/2\alpha - S(k) - \widetilde{G}_k(d)/2] = 0$ 来决定的。吸收谱的宽度，与 $\text{Im}[1/2\alpha - \widetilde{G}_k(d)/2]$ 和 $\text{Im}[S(k)]$ 相消有关系。

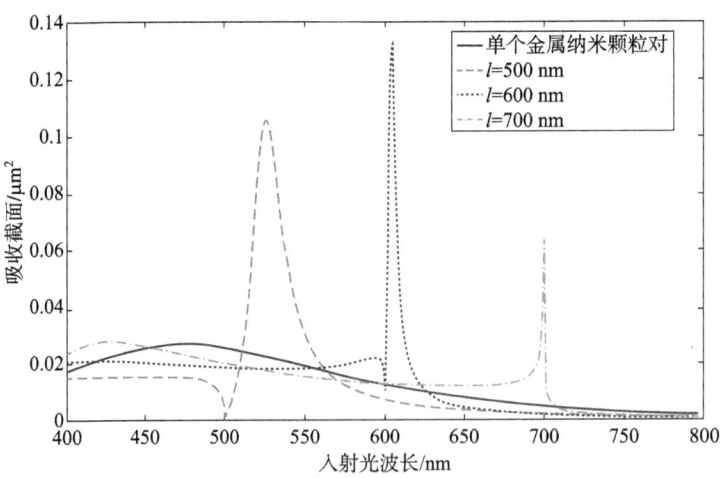

图 5-5 利用偶极近似理论计算的吸收谱

对于远场作用的表现,可以通过吸收谱来了解。对于近场作用的显示,由于子结构中存在其他作用,接下来考查金属纳米颗粒缝隙之间的电场增强效应。将单个金属纳米颗粒二聚体以有 3 种不同晶格的金属纳米颗粒二聚体链中电场强度随频率变化曲线提取出来,如图 5-6 所示。将 FDTD 中得到的电场强度归一到入射电场强度上。在单个纳米颗粒二聚体中,入射电场能够被放大至 500 倍,而且谱宽比较宽,大约为 100 nm。而对于一维金属纳米颗粒二聚体链来说,缝隙中的电场强度仍然被放大了。与此同时,增强的倍数与晶格常数有关。随着晶格常数从 500 nm 增加到 700 nm,电场增强峰的位置发生了较大的变化。峰值从 2 000 变化到 3 500,再变化到 1 100。对比吸收谱,在晶格常数为 600 nm 时,谱宽比较窄。因此,称此时的结构为集体异常热点效应。与图 5-3 比较可以知道,吸收谱与电场增强谱形状相近。将金属纳米颗粒二聚体看作一个整体单元,将晶格的作用利用上面的分析方法,可以得到作用在单元上的有效的电场 E_{eff}:

$$|E_{\text{eff}}|^2 = \frac{|E_0|^2}{|\alpha|^2 |1/\alpha_{\text{eff}}(d) - S(k)|^2} \tag{5-8}$$

式中,E_0 为入射的电场。这样就可以将金属纳米颗粒二聚体链看作是集体作用产生了一个外加电场,作用在一个存在热点效应的结构中,进而把电场放大。热点中的电场强度放大效果是受单元结构与集体效应共同调制的。

对于金属纳米颗粒二聚体的处理,同样可以用等效的方法来描述。由于距离比较小,可以把金属纳米颗粒二聚体看成为一个具有特定长径比的椭球。椭球的体积应该与金属纳米颗粒二聚体的体积相同。利用合适的长径比,就可以让椭球来代替金属纳米颗粒二聚体。

| 第 5 章 | 一维基于金属纳米颗粒二聚体阵列中的非寻常吸收效应与热点效应研究

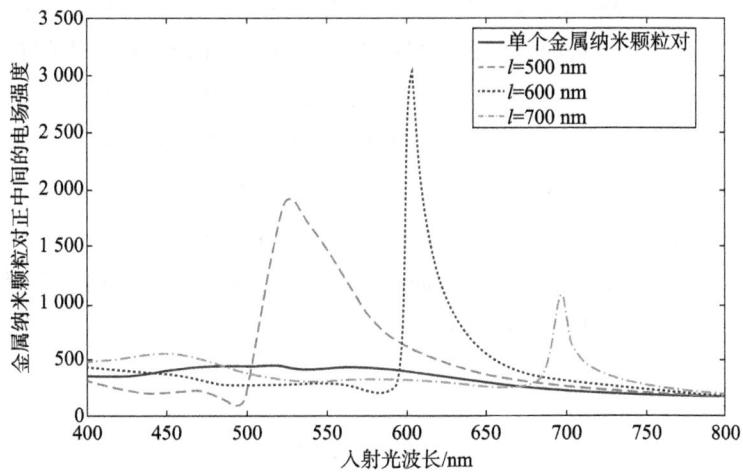

图 5-6 不同情况下的金属纳米颗粒二聚体中电场强度

将入射光的偏振态方向改成为沿金属纳米颗粒二聚体链的方向,可以得到不同的吸收谱与强度谱。此时,选择 $l=430$ nm、470 nm 和 550 nm。所得的吸收谱与强度谱曲线如图 5-7 所示。单个金属纳米颗粒二聚体的吸收谱与强度谱也列在图 5-7 中。

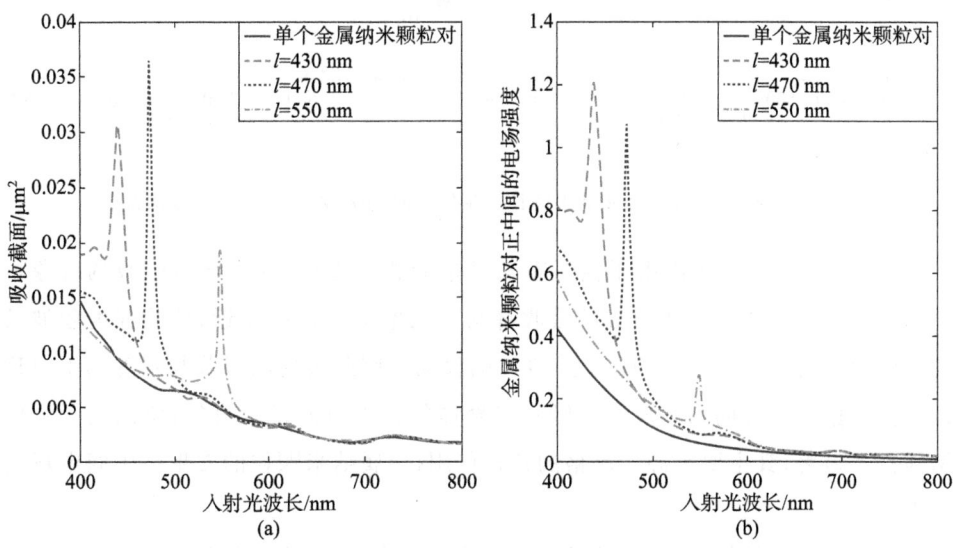

图 5-7 偏振态沿金属纳米颗粒二聚体链时的吸收谱线(a)与强度谱线(b)

从图 5-7(a)中可以看到计算模型的吸收谱情况。对于一维单个金属纳米颗粒链来说,当入射光的偏振态与金属纳米颗粒二聚体的长轴方向垂直时,当入射光的偏振态方向与链的方向平行时,不能够产生异常吸收现象[19]。由于金属纳米颗粒二聚体参与到系统中,它的有效极化强度发生了变化。因此,可以得到在入射光偏振态平行于金属纳米颗粒二聚体链时,吸收谱出现异常吸收现象。

为了进一步研究金属纳米颗粒二聚体链的性质,将纳米颗粒二聚体的方向旋转90°。改变入射光的偏振态来研究吸收谱与电场强度变化特性。将入射光的偏振态变为垂直于金属纳米颗粒二聚体链的方向,晶格常数分别为 $l=340$ nm、430 nm 和 570 nm。所得的吸收谱与强度谱曲线如图5-8所示。单个金属纳米颗粒二聚体的吸收谱与强度谱也列在图5-8中。

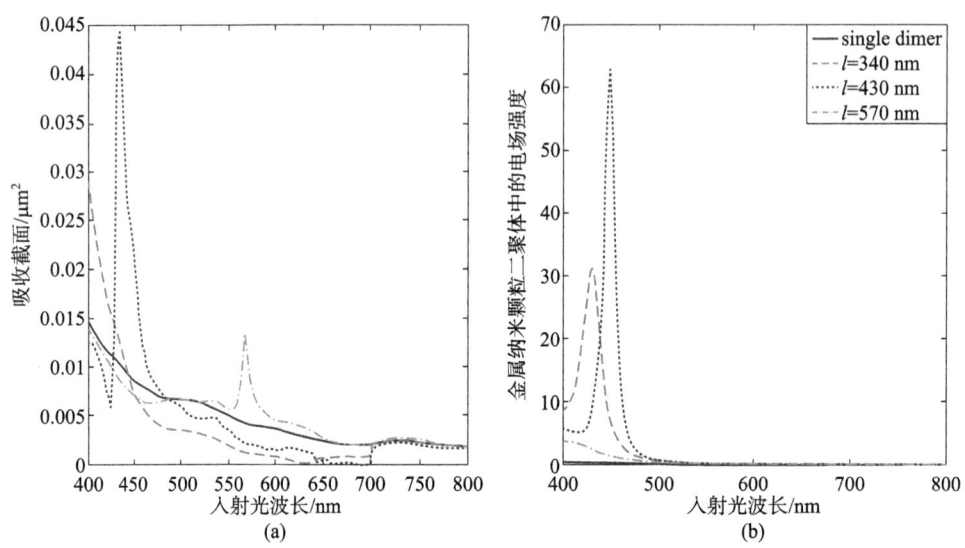

图5-8　偏振态垂直于金属纳米颗粒二聚体链时的吸收谱线(a)与强度谱线(b)

从图5-8中可以看出由于偏振态与晶格的相互作用,使得异常吸收的现象再次出现。由于集体作用所形成的吸收峰与金属本征共振相靠近,特此强度随波长的变化曲线与吸收谱中峰的位置有少许的移动。因此表现出吸收与强度的不对称性。由于偏振态方向与金属纳米颗粒二聚体的长轴方向是垂直的,所以电场强度增强并不显著,其主要来源于晶格的长程作用,金属纳米颗粒的二聚体中间电场的增强。

改变入射光的偏振态来,使其偏振态变为平行于金属纳米颗粒二聚体链的方向,晶格常数分别为 $l=300$ nm、470 nm 和 550 nm。所得的吸收谱与强度谱曲线如图5-9所示。单个金属纳米颗粒二聚体的吸收谱与强度谱也列在图5-9中。

从图5-9所示,吸收谱与电场强度随波长变化曲线并没有其他特别的效应出现。相比较其他情况而言,在纳米颗粒二聚体长轴平行于链的方向且偏振方向也平行于链的方向结构中,长程作用与短程的作用可以将电场强度进一步增强,如 $l=470$ nm、550 nm 的链,也可以减弱电场强度增强的效果。在此种结构中,为了进一步增强电场强度,晶格常数的选取非常重要。

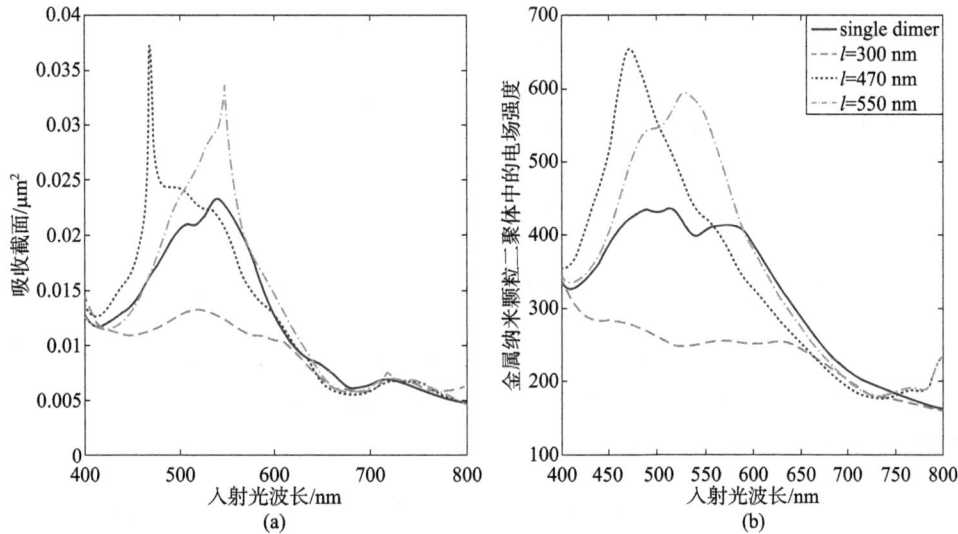

图 5-9 偏振态平行于金属纳米颗粒二聚体链时的吸收谱线(a)与强度谱线(b)

对于吸收谱而言,在偏振态垂直于链的方向时,单个金属纳米颗粒链能够产生异常吸收现象,如图 5-1 所示。此时的吸收谱线显现类 Fano 线形。相比于金属纳米颗二聚体粒链时,在入射光偏振态垂直于链的方向时,亦能产生类 Fano 线形的吸收谱线。那么,下面将介绍类 Fano 谱线的线形描述。

对于金属纳米颗粒二聚体链中的单元来说,作用在金属纳米颗粒二聚体上的电场强度可以看作是入射场与集体效应所形成的电场相加的结果[19]:

$$E_D = E_0 + \frac{S_k}{1/\alpha_D - S_k} E_0 \tag{5-9}$$

进一步化简式(5-9),可以得到:

$$E_D = \frac{1}{1 - \alpha_D S_k} E_0 \tag{5-10}$$

式中,E_0 为入射电场的幅度。从式(5-9)中可以看出,照射在金属纳米颗粒二聚体上的电场可以认为是入射电场与其他单元作用在该单元的电场干涉的效果。此效应引起了类似于 Fano 共振效应[46,47]。在含有晶格的情况下,Wood 异常现象发生

在 $l=\lambda$ 时,$S_k=-\dfrac{1}{2x}\ln[x]\to\infty^{[48\text{-}50]}$。此时产生了干涉相消现象。因此,$E_D$ 在 Wood 异常现象附近展开,则有

$$|E_D|^2\propto\dfrac{(A^2+B^2)\pi^2z^2}{(1+A\pi z+B\beta\pi^2z^2)^2+B^2\pi^2z^2} \tag{5-11}$$

式中,各部分参数定义为 $\dfrac{1}{\alpha_D}=A+iB$,$S_k=-\dfrac{1}{\pi z}-i\beta$ 和 $z=\dfrac{1}{\ln|2\pi(l/\lambda-1)|}$。由此可以把式(5-11)写成 Fano 公式形式 $|E_D|^2\propto\dfrac{(\varepsilon+q)^2}{\varepsilon^2+1}$,其中 $\varepsilon=(Kz+A)/Q$,$q=-\dfrac{A}{Q}$,$K=(A^2+B^2+2B\beta)\pi$,$Q=\sqrt{B^2+2B\beta}^{[51]}$。与此同时,吸收谱也可以写成此类形式 $C_{abs}\propto\dfrac{(\varepsilon+q)^2}{\varepsilon^2+1}$。将吸收谱与强度随入射波长的变化曲线按照式(5-11)的形式描绘出来,如图 5-10 所示。为了表现度更加明显,选择晶格常数为 500 nm 时的纳米颗粒链。选择两个面面距离,$d=10$ nm 和 8 nm。对于晶格常数是其他值的时候,也有类 Fano 线形。

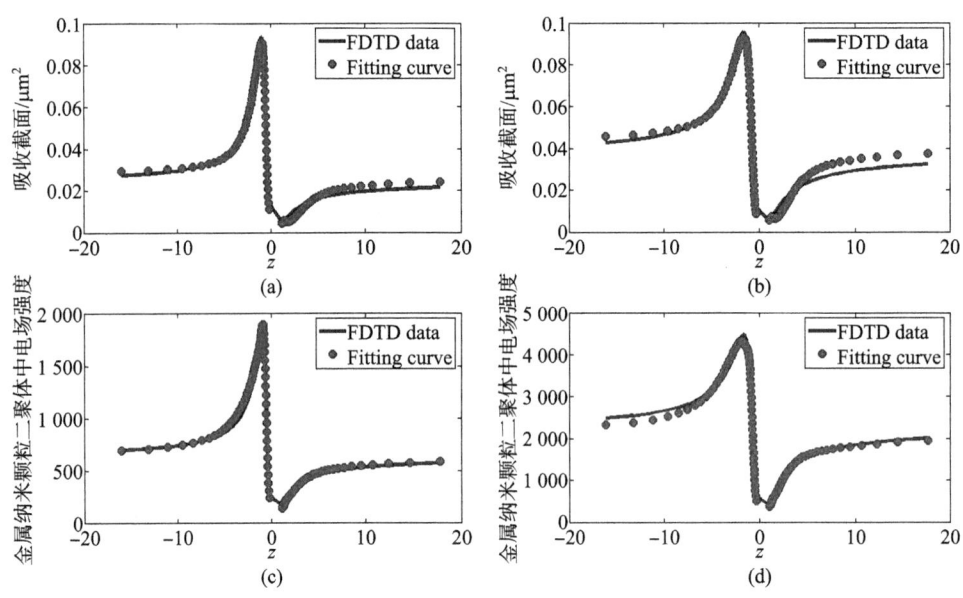

图 5-10 理论计算与仿真对比

从图 5-10 中,可以看出来,吸收与缝隙中的电场强度随 z 的变化曲线显现出比较完美的 Fano 线形。值得注意的是,在 Fano 线形中,0 点的位置具有一定的含义。在 Fano 线形中,0 点位置代表了两类模式相互干涉,并产生干涉相消的结果,

使得在 0 点时,值为 0。而在所遇见的情况来看,此处 0 点并非干涉相消所产生的。从式(5-1)处可以得到,在入射偏振态为 90°时,对于 S_k 的求和项来看,在波长/晶格附近产生了发散项,进而再求得吸收/强度时,由于倒数的作用,产生了 0 点。因此,两类产生 0 点的方式是不同的。所以在一维金属纳米颗粒/纳米颗粒二聚体链中,产生的吸收谱线是类 Fano 线形。同样,也利用 Fano 公式对于此曲线进行了拟合(见图中绿色圆点)。从图中可以看出,从公式中出发的曲线与仿真的结果基本吻合。

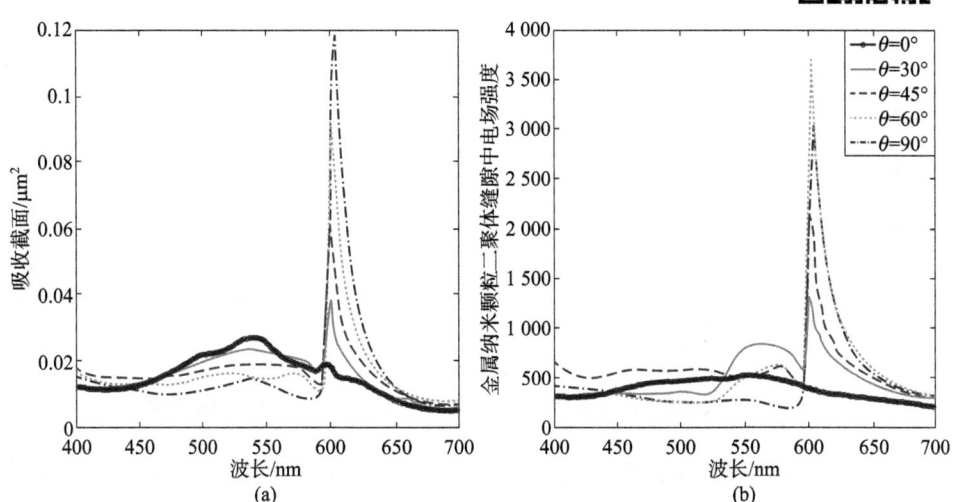

图 5-11　吸收谱线(a)与强度谱线(b)随二聚体旋转方向的变化曲线

将链的单元金属纳米颗粒二聚体的方向进行旋转,同时也将入射光的偏振态与金属纳米颗粒二聚体的长轴方向保持一致。将角度从 0°变到 90°,可以得到吸收谱线与强度谱线的变化规律,如图 5-10 所示。此时的晶格常数为 600 nm,面面距离为 10 nm。

从图 5-11(a)中,可以看到吸收谱线随角度变化的情况。当角度从 0°变到 90°时,吸收谱的吸收峰位置有微小的移动,同时吸收峰的强度随着角度增加而增加。从图 5-11(b)中,可以看到,随着角度的增加,强度峰值有个非单调的变化趋势。这说明,在这类结构中,吸收谱线与强度谱线显现一个非对称的效应。

吸收谱线反应的是整体的损耗的过程,而强度谱是即受到整体的作用,同时,也受到单元结构的限制。所以,在吸收共振最强的地方,此部分感受到的外场(受角度影响)是不同,作用在单元上(金属纳米颗粒二聚体)的效果就不同,因此,产生了吸收谱线强度谱线不对称的现象。

此类不对称现象也产生在对于面面距离的改变中。将面面距离从 10 nm 减至 6 nm,最后减到 4 nm。可以得到吸收谱线与强度谱线的变化规律,如图 5-12 所示。此时的晶格常数固定在 600 nm,入射光的偏振态垂直于链的方向。

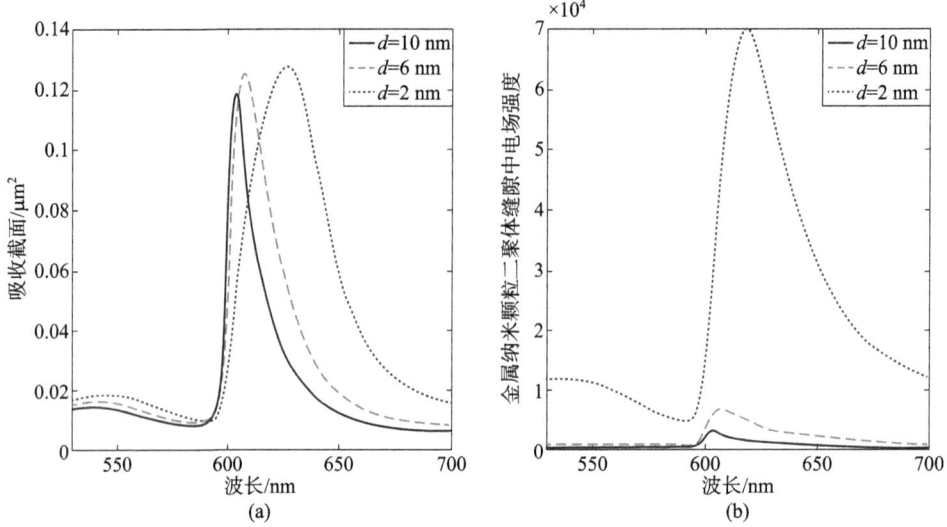

图 5-12　吸收谱线(a)与强度谱线(b)随二聚体面面距离改变的变化曲线

从图 5-12(a)中可以看出,随着面面距离的增强,吸收谱中峰的位置发生了移动,且红移比较明显。与此同时,谱宽也发生了改变。从图 5-12(b)中可以看出,强度有着极大的变化。强度从 3 500 倍陡然增加到 70 000 倍左右。可见,小的缝隙对于电场强度的放大起到了决定性的作用。同时,谱宽也有一定的展宽,而且峰的位置也发生了移动。相比于吸收谱而言,强度谱线移动的较大。

如图 5-12 所示,随着二聚体面面距离增加的同时,有个位置是基本不变的,也就是图中谷的位置。从上述的分析来看,谷的位置是由于 Wood 反常现象所引起的,因此,可以设定,在这一系列的金属纳米颗粒二聚体链中,共振峰的位置由两部分组成[49]:

$$\lambda_{res} = \lambda_{wood} + \Delta\lambda \tag{5-12}$$

式中,在单个纳米颗粒链时,$\Delta\lambda$ 与 $e^{-CRe[1/\alpha(\lambda=l)]}$ 成正比,α 为单个颗粒的极化因子。对于我的情况而言,由于颗粒的个体发生了改变,从一个颗粒到变到两个颗粒,且有面面距离为 d 的相互作用,所以 $\Delta\lambda$ 不仅与 $e^{-CRe[1/\alpha(\lambda=l)]}$ 成正比,同时也与 $e^{CRe[\tilde{G}k=2\pi/l(d)]/2}$ 成正比,也就是说 $\Delta\lambda \propto e^{-CRe[1/\alpha(\lambda=l)]} \cdot e^{CRe[\tilde{G}k=2\pi/l(d)]/2}$。相比较单个金属纳米颗粒二聚体的情况,减小二聚体的面面距离时,吸收峰发生红移,且产生较

第 5 章 一维基于金属纳米颗粒二聚体阵列中的非寻常吸收效应与热点效应研究

大的变化[52]。而从图 5-12 可以看出，金属纳米颗粒二聚体链在减小面面距离时，吸收峰发生了红移，但是，吸收的强度并未有较大的改变。

5.3 结构的实际应用

5.3.1 应用背景

表面等离激元（Surface Plasmon Polariton，SPPs）凭借其独特的光学特点被广泛地应用在光学器件中[53,54]。LSPs 由于其强大的局域场增强特性被主要应用在对入射电场的放大的结构中，比如 SERS、生物传感等。基于 LSPs 的应用主要集中在生物医学传感中，功能使用比较单一，主要是受到 LSPs 的特点所限定的。

上述的一维金属纳米颗粒二聚体链对光有较为灵敏的响应。它不仅对光的频率有灵敏的响应，同时也对光的偏振态有较强的感应。因此，将介绍一款基于 LSPs 的光学器件——光学偏振探测器。一般对于光学的偏振态进行探测时，主要经过偏振片对光进行检测。此时，需要两个偏振片进行旋转来测定光的偏振情况。如果使用一维金属纳米颗粒二聚体链，则可以通过简单的强度探测来确定光的偏振态。

5.3.2 器件结构及工作原理

如图 5-13 所示，单元为一对金属银纳米颗粒二聚体，颗粒的半径为 R，面面距离为 d。其长轴方向垂直于链的方向，晶格常数为 l。入射光整体照射在这个链

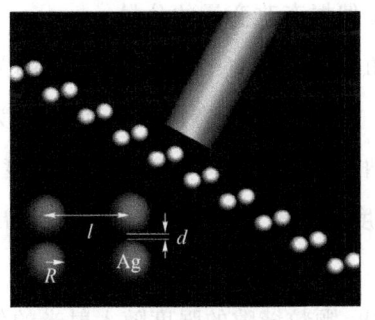

图 5-13 光学偏振探测器的结构示意图

上。利用FDTD的方法得到吸收与二聚体缝隙中电场强度随入射光波长变化曲线。根据上述讨论的情况,选择$R=50$ nm,$d=10$ nm,$l=500$ nm、600 nm、700 nm。入射光的偏振态分别平等与垂直于金属纳米颗粒二聚体链的方向。所得的曲线如图5-14所示。

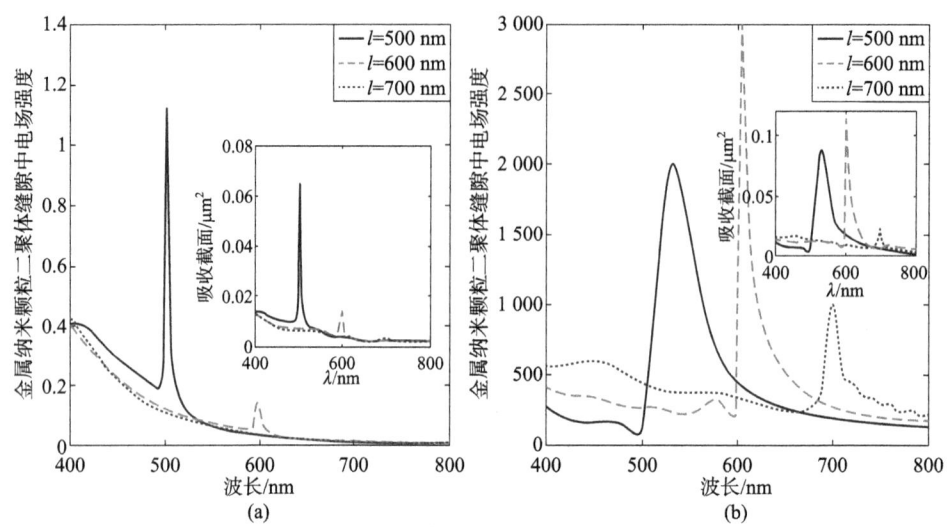

图5-14 入射光偏振态平行(a)和垂直(b)于链时的吸收谱(强度谱插图)

根据此前的分析结果,发现,这两类情况均能产生异常吸收效应。对比两类偏振态的吸收谱(见图5-14)的峰值,它们的比值分别为$R_{abs,l=500\ nm}=1.4$,$R_{abs,l=600\ nm}=6$和$R_{abs,l=700\ nm}=3$。作者认为,在峰值附近,在二聚体的缝隙中间电场强度增强相比于其他的频率是最强的,因此两类偏振态的强度峰值比为$R_{E,l=500\ nm}=1\ 667$、$R_{E,l=600\ nm}=15\ 000$和$R_{E,l=700\ nm}=10\ 000$。对比这两类结果,由于强度的比率较大,因此,选择强度为标定偏振态改变量的分量。

将入射光偏振态的角度从$0°$一直变到$360°$,其间隔为$5°$。将得到一系列强度随偏振角度改变的曲线。选择每个晶格常数中,偏振态为$90°$时,峰值的频率来绘制曲线。由于单个金属纳米颗粒二聚体中缝隙中的强度也受偏振态的影响,为了比较性能,也将其电场强度随偏振角度变化的曲线提取出来进行比较。所得的曲线如图5-15所示。

从图5-15中可以看出,颗粒缝隙的强度随入射光的偏振角度改变时显现周期性的变化规律。对比这4个图,可以看出来$l=600$ nm时,强度达到了最大。虽然

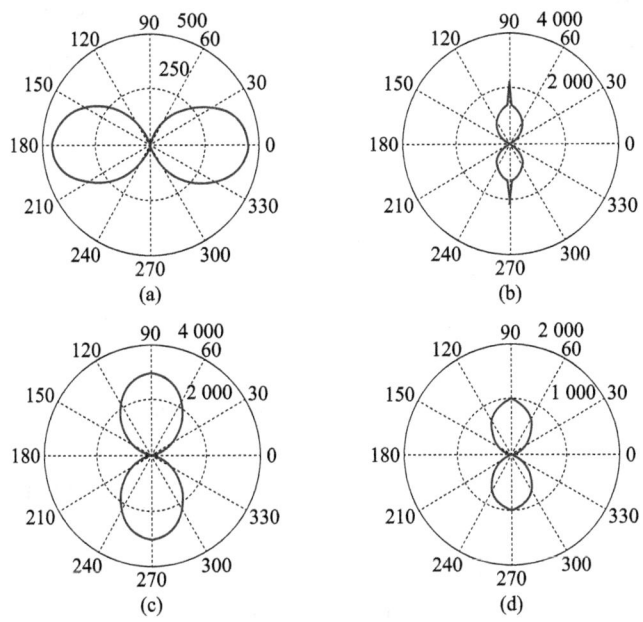

图 5-15 不同结构的缝隙中的电场强度随入射光偏振态角度的变化曲线

单个金属纳米颗粒二聚体中的强度也随偏振态的角度显现周期性的变化,但是电场强度的值比较小。

图 5-15(b)中,可以看到,在这个曲线里,当偏振态为 90°与 270°时,出现了尖峰。这主要是由于晶格常数为 500 nm 时并没有使得吸收峰达到较窄的情况,与此同时,各个偏振态时,吸收峰的位置移动较大。因此造成了在 90°(270°)附近强度陡然变化,产生尖峰效果。

虽然上述的 4 个曲线均展示了强度随偏振态角度变化时的周期性效果,但是仍然要考查探测器的另一重要特性——分辨率。定义此时的分辨率为 $\Delta I/\Delta \theta = [I(\theta + \Delta \theta) - I(\theta)]/\Delta \theta$。以 5°为间距,考查所设计的结构的分辨率。这 4 个结构的分辨率随偏振角度变化的曲线如图 5-16 所示。

对比四个不同的结构,发现,仅在 90°(270°)附近时,晶格常数为 500 nm 的链的分辨率最大,在其他的偏振角度时,晶格常数为 600 nm 的链的分辨率最大。因此,选择比较大的分辨率有助于提高探测的准确性。所以,根据此前的分析结果,要选择吸收谱达到异常吸收时的结构来用以实现偏振探测器。

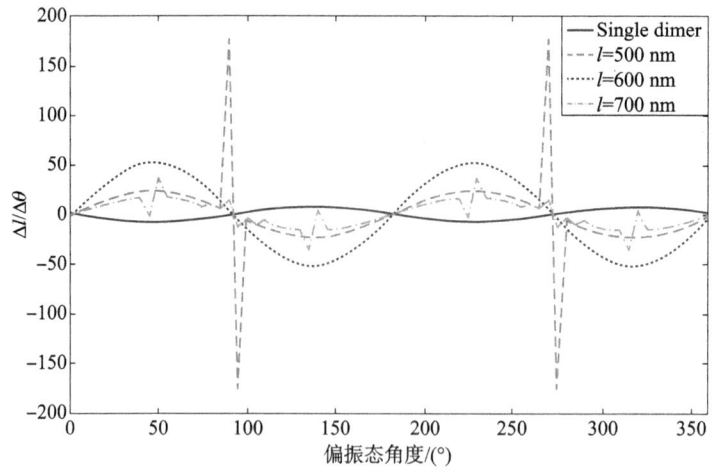

图 5-16 不同结构的分辨率随入射光偏振态角度的变化曲线

本章小结

本章主要介绍了一维金属纳米颗粒二聚体链的光学响应特性。主要突出了以下几点：

(1) 在入射光偏振态垂直链时，均能产生异常吸收现象。

(2) 由于长程的作用（集体作用）使得吸收谱与强度随波长变化曲线产生了类Fano线形。

(3) 吸收谱与强度随波长变化曲线具有不对称的特点。

(4) 在电场增强方面，缝隙起了主导作用。

根据以上的研究内容，基于一维金属纳米颗粒二聚体链的光学响应特点，设计了一款新型光学器件——偏振探测器。此类器件主要是基于金属纳米颗粒二聚体链对入射光的偏振态敏感度来工作的。所设计的结构为金属纳米颗粒二聚体的长轴垂直于链的方向。根据上述分析，由于产生异常吸收条件时，金属纳米颗粒二聚体中的强度能够达到最大，且此时的分辨率最好，所以的结构能够用来作偏振探测器。

本章参考文献

[1] SUSIE E,EUSTIS B,MOSTAFA A,et al. Why gold nanoparticles are more

precious than pretty gold: noble metal surface plasmon resonance and its enhancement of the radiative and nonradiative properties of nanocrystals of different shapes.[J].Chemical Society reviews,2006,35(6),209-217.

[2] SVEDBERG F,LI Z P,XU H X,et al.Creating Hot Nanoparticle Pairs for Surface-Enhanced Raman Spectroscopy through Optical Manipulation.Nano Lett.,2006,6(12):2639-2641.

[3] LAL S,LINK S,HALAS N J.Nano-optics from sensing to waveguiding [J]. Nature Photonics,2007,1(11):641-648.

[4] BALZAROTTI F,STEFANI F D.Plasmonics Meets Far-Field Optical Nanoscopy [J].Acs Nano,2012,6(6):4580-4584.

[5] BROLO A G.Plasmonics for future biosensors [J].Nature Photonics,2012,6 (11):709-713.

[6] ZHANG N,LIU Y J,YANG J,et al.High sensitivity molecule detection by plasmonic nanoantennas with selective binding at electromagnetic hotspots [J].Nanoscale,2014,6(3):1416-1422.

[7] ERTSGAARD C T,MCKOSKEY R M,RICH I S,et al.Dynamic Placement of Plasmonic Hotspots for Super-resolution Surface-Enhanced Raman Scattering [J].Acs Nano,2014,8(10):10941-10946.

[8] DU L,ZHANG X,MEI T,et al.Localized surface plasmons,surface plasmon polaritons,and their coupling in 2D metallic array for SERS [J]. Optics Express,2010,18(3):1959-1965.

[9] ABB M,WANG Y,De Groot C H,et al.Hotspot-mediated ultrafast nonlinear control of multifrequency plasmonic nanoantennas [J].Nature Communications,2014, 5:4869.

[10] GUHA B,OTEY C,POITRAS C B,et al.Near-field radiative cooling of nanostructures [J].Nano Letters,2012,12(9):4546-4550.

[11] TIAN F,BONNIER F,CASEY A,et al.Surface enhanced Raman scattering with gold nanoparticles: effect of particle shape [J].Analytical Methods, 2014,6(4),9116-9123.

[12] MCLEOD A,VERNON K C,RIDER A E,et al.Optical coupling of gold nanoparticles on vertical graphenes to maximize SERS response [J].Optics Letters,2014,39(8):2334-2337.

[13] Borys N J, Shafran E, Lupton J M. Surface plasmon delocalization in silver nanoparticle aggregates revealed by subdiffraction supercontinuum hot spots [J]. Scientific Reports, 2013, 3, 2090.

[14] HERZOG J B, KNIGHT M W, LI Y, et al. Dark Plasmons in Hot Spot Generation and Polarization in Interelectrode Nanoscale Junctions [J]. Nano Letters, 2013, 13(3):1359-1364.

[15] Siegfried T, Ekinci Y, Martin O J F, et al. Gap Plasmons and Near-Field Enhancement in Closely Packed Sub-10 nm Gap Resonators [J]. Nano Letters, 2013, 13(11):5449-5453.

[16] Hatab N A, Hsueh C H, Gaddis A L, et al. Free-Standing Optical Gold Bowtie Nanoantenna with Variable Gap Size for Enhanced Raman Spectroscopy [J]. Nano Letters, 2010, 10(12):4952-4955.

[17] HAO E, SCHATZ G C. Electromagnetic fields around silver nanoparticles and dimers [J]. Journal of Chemical Physics, 2004, 120(1):357-366.

[18] ZOU S, JANEL N, SCHATZ G C. Silver nanoparticle array structures that produce remarkably narrow plasmon lineshapes [J]. The Journal of Chemical Physics, 2004, 120(23):10871-10875.

[19] Zou S, Schatz G C. Theoretical studies of plasmon resonances in one-dimensional nanoparticle chains: narrow lineshapes with tunable widths [J]. Nanotechnology, 2015, 17(11):2813-2820.

[20] KRAVETS V G, SCHEDIN F, GRIGORENKO A N. Extremely narrow plasmon resonances based on diffraction coupling of localized plasmons in arrays of metallic nanoparticles [J]. Physical Review Letters, 2008, 101(8):087403.

[21] BAPTISTE A, BARNES W L. Collective Resonances in Gold Nanoparticle Arrays [J]. Physical Review Letters, 2008, 101(14):143902.

[22] GARCIA DE ABAJO F J. Colloquium: Light scattering by particle and hole arrays [J]. Review of Modern Physics, 2009, 79:1267-1290.

[23] SARKAR M, BESBES M, MOREAU J, et al. Hybrid Plasmonic Mode by Resonant Coupling of Localized Plasmons to Propagating Plasmons in a Kretschmann Configuration [J]. ACS Photonics, 2015, 2(2):237-245.

[24] JIANG Y W, TZUANG D C, YE Y H, et al. Effect of Wood's anomalies on the profile of extraordinary transmission spectra through metal periodic arrays of rectangular subwavelength holes with different aspect ratio [J]. Optics Express, 2009, 17(4): 2631-2637.

[25] CHANG S H, GRAY S K, SCHATZ G C. Surface plasmon generation and light transmission by isolated nanoholes and arrays of nanoholes in thin metal films [J]. Optics Express, 2005, 13(8): 2631-2637.

[26] SMYTHE E J, CUBUKCU E, CAPASSO F. Optical properties of surface plasmon resonances of coupled metallic nanorods [J]. Optics Express, 2007, 15(12): 7439-7447.

[27] NIKITIN A G, KABASHIN A V, DALLAPORTA H. Plasmonic resonances in diffractive arrays of gold nanoantennas: near and far field effects [J]. Optics Express, 2012, 20(25): 27941-27952.

[28] BARNES W L, MURRAY W A, DINTINGER J, et al. Surface Plasmon Polaritons and Their Role in the Enhanced Transmission of Light through Periodic Arrays of Subwavelength Holes in a Metal Film [J]. Physical Review Letters, 2004, 92(10): 107401.

[29] PARK S Y, STROUD D. Surface Plasmon Dispersion Relations in Chains of Metallic Nanoparticles: Exact Quasistatic Calculation [J]. Physical review. B, 2004, 69(12), 125418.

[30] MAIER S A, KIK P G, ATWATER H A, et al. Local detection of electromagnetic energy transport below the diffraction limit in metal nanoparticle plasmon waveguides [J]. Nature Materials, 2003, 2(4): 229-232.

[31] ALU A, ENGHETA N. Guided propagation along quadrupolar chains of plasmonic nanoparticles [J]. Phys. Rev. B. 2009, 79(3): 235412.

[32] FAEZ S, LAGENDIJK A, OSSIPOV A. Critical scaling of polarization waves on a heterogeneous chain of resonators [J]. Physical Review B, 2011, 83(7): 75121-75121.

[33] Radko I P, Bozhevolnyi S I, Evlyukhin A B, et al. Surface plasmon polariton beam focusing with parabolic nanoparticle chains [J]. Optics Express, 2007, 15(11): 6576-6582.

[34] EVLYUKHIN A B, BOZHEVOLNYI S I, STEPANOV A L, et al. Focusing and directing of surface plasmon polaritons by curved chains of nanoparticles [J]. Optics Express, 2007, 15(25):16667-16680.

[35] HICKS E M, ZOU S, SCHATZ G C, et al. Controlling plasmon line shapes through diffractive coupling in linear arrays of cylindrical nanoparticles fabricated by electron beam lithography [J]. Nano Letters, 2005, 5(6):1065-1070.

[36] WANG Z B, LUKYANCHUK B S, GUO W, et al. The influences of particle number on hot spots in strongly coupled metal nanoparticles chain [J]. Journal of Chemical Physics, 2008, 128(9):1102.

[37] ZOU S, SCHATZ G C. Silver nanoparticle array structures that produce giant enhancements in electromagnetic fields [J]. Chemical Physics Letters, 2015, 403(1-3):62-67.

[38] ENOCH S, QUIDANT R, BADENES G. Optical sensing based on plasmon coupling in nanoparticle arrays [J]. Optics Express, 2004, 12(15):3422-3427.

[39] ZHAO K, XU H X, GU B H, et al. One-dimensional arrays of nanoshell dimers for single molecule spectroscopy via surface-enhanced raman scattering [J]. The Journal of Chemical Physics, 2006, 125(8):081102.

[40] SONG Y, ZHAO K, JIA Y, et al. Finite size effects on the electromagnetic field enhancement from low-dimensional silver nanoshell dimer arrays [J]. Journal of Chemical Physics, 2008, 129(20):204506.

[41] KESSENTINI S, BARCHIESI D, D'ANDREA C, et al. Gold Dimer Nanoantenna with Slanted Gap for Tunable LSPR and Improved SERS [J]. Journal of Physical Chemistry C, 2014, 118(6):3209-3219.

[42] HSUEH C H, LIN, C H, et al. Resonance modes, cavity field enhancements, and long-range collective photonic effects in periodic bowtie nanostructures. Opt. Express, 2011, 19(20):19660-19667.

[43] Lee B, Park J, Han G H, et al. Fano resonance and spectrally modified photoluminescence enhancement in monolayer MoS_2 integrated with plasmonic nanoantenna array [J]. Nano Letters, 2015, 15(5):3646-3653.

[44] PALIK E. Handbook of Optical Constant of Solids. San Diego: Academic, 1985.

[45] MAIER S A. Plasmonics: Fundamentals and Applications. New York: Springer, 2007.

[46] ZHANG W, GOVOROV A O, BRYANT G W. Semiconductor-Metal Nanoparticle Molecules: Hybrid Excitons and the Nonlinear Fano Effect [J]. Physical Review Letters, 2006, 97(14): 146804.

[47] ZHANG W, GOVOROV A O. Quantum theory of the nonlinear Fano effect in hybrid metal-semiconductor nanostructures: The case of strong nonlinearity [J]. Physical Review B Condensed Matter, 2011, 84(8): 1855-1866.

[48] WOOD R W. On a Remarkable Case of Uneven Distribution of Light in a Diffraction Grating Spectrum [J]. Philosophical Magazine, 1902, 4(21): 396-402.

[49] HESSEL A, OLINER A A. A New Theory of Wood's Anomalies on Optical ratings. Appl. Opt. 1965, 4(3): 1275-1298.

[50] MARKEL V A. Divergence of dipole sums and the nature of non-Lorentzian exponentially narrow resonances in one-dimensional periodic arrays of nanospheres. J. Phys. B: At. Mol. Opt. Phys. 2005, 38(5): L115-L121.

[51] FANO U. Effects of Configuration Interaction on Intensities and Phase Shifts [J]. Physical Review, 1961, 124(6): 1866-1878.

[52] ROMERO I, AIZPURUA J, BRYANT G W, et al. Plasmons in nearly touching metallic nanoparticles: singular response in the limit of touching dimers [J]. Optics Express, 2006, 14(21): 9988-9999.

[53] BOZHEVOLNYI S I, VOLKOV V S, DEVAUX E, et al. Channel plasmon subwavelength waveguide components including interferometers and ring resonators [J]. Nature, 2006, 440(7083): 508-511.

[54] Holmgaard T, Chen Z, Bozhevolnyi S I, et al. Bend-and splitting loss of dielectric-loaded surface plasmon-polariton waveguides [J]. Optics Express, 2008, 16(18): 13585-13592.